U0684302

基于软件无线电的通信对抗系统设计与实现

任嘉伟　朱义君　张　浩　编著

中国原子能出版社

图书在版编目（CIP）数据

基于软件无线电的通信对抗系统设计与实现 / 任嘉伟, 朱义君, 张浩编著. -- 北京 : 中国原子能出版社, 2024. 11. -- ISBN 978-7-5221-3878-7

Ⅰ. TN92

中国国家版本馆 CIP 数据核字第 2024799MA4 号

内 容 简 介

本书系统研究了基于软件无线电的通信与对抗系统设计与实现方法，全书共三章，主要内容包括软件无线电通信系统设计工具概述、基于软件无线电的通信系统基础设计、基于软件无线电的卫星通信与对抗系统设计与实现。

本书是基于软件无线电的通信对抗系统设计和实现的专业著作，可作为高校相关专业教材，也可作为参考资料供广大通信对抗领域爱好者和自学者阅读。

基于软件无线电的通信对抗系统设计与实现

出版发行	中国原子能出版社（北京市海淀区阜成路 43 号　100048）
策划编辑	陈　喆
责任编辑	赵　明
印　　刷	北京天恒嘉业印刷有限公司
经　　销	全国新华书店
开　　本	787 mm×1092 mm　1/16
印　　张	13.25
字　　数	189 千字
版　　次	2024 年 11 月第 1 版　2024 年 11 月第 1 次印刷
书　　号	ISBN 978-7-5221-3878-7　　　定　价　**79.00** 元

发行电话：010-88828678

编者简介

任嘉伟，1985 年 1 月出生，河南洛阳人。本科毕业于第二炮兵工程学院信息工程专业，硕士毕业于第二炮兵工程大学军事情报学专业，博士毕业于第二炮兵工程大学兵器科学与技术专业。现就职于中国人民解放军战略支援部队信息工程大学，讲师，主要研究方向为卫星通信、电子对抗。主持省部级项目 2 项，先后在 *IEEE Communications Letters*、*Wireless Personal Communications* 等学术期刊发表文章 10 余篇。

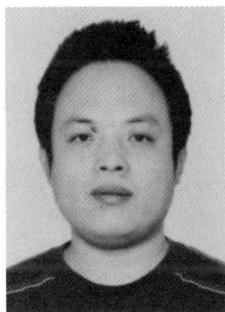

朱义君，1976 年 8 月出生，湖北黄梅人。本科毕业于解放军信息工程学院卫星通信专业，硕士毕业于解放军信息工程大学通信与信息系统专业，博士毕业于解放军信息工程大学信息与通信工程专业，现就职于中国人民解放军战略支援部队信息工程大学，教授，主要研究方向为信息通信。主持国家和省部级项目 10 余项，先后在 *IEEE Transactions on Vehicular Technology*、*Optics Letters* 等权威学术期刊上发表文章 50 余篇。

张浩，1975 年 12 月出生，江苏淮安人。本科毕业于上海交通大学通信工程专业、工业管理专业，硕士毕业于美国纽约理工学院工商管理专业，博士毕业于加拿大维多利亚大学电子工程专业。现就职于中国海洋大学，教授，主要研究方向为海洋通信与探测。主持各级科研项目多项，发表学术论文多篇。

编委会

主　　编：任嘉伟　　朱义君　　张　　浩
副主编：汪　　涛　　王小东　　张怀峰
编　　委：曲　　晶　　安　　源　　王　　超
　　　　　夏龙宇　　张恒烨　　陈泱汀
　　　　　代常超　　杨小昱　　门　　雨

前　言

　　软件无线电（Software Defined Radio，SDR）技术是一种基于软件和数字信号处理技术的无线通信方式，其主要特点是通过软件控制硬件实现无线电通信。相比传统的硬件无线电系统，SDR 技术可以实现通信协议的灵活升级、频谱利用效率的提高和系统功能的快速定制。

　　在过去的几十年中，SDR 技术得到了长足的发展，已经在军事通信、民用通信、射频测量和科研领域得到广泛应用。随着计算能力的提升和对频谱资源管理的需求日益增长，SDR 技术在通信领域中扮演着越来越重要的角色。

　　编者基于 SDR 的通信对抗仿真系统设计研究编写本书，重点关注技术原理、系统架构、功能模块和性能实现等方面。

　　本书在编写上遵循由易到难、循序渐进的原则，主要内容如下：

　　第 1 章　主要讲述软件无线电通信系统设计工具的一些基础知识，以及 Digitech GNU 的安装方法。

　　第 2 章　主要讲述基于软件无线电的通信系统基础设计，包括软件无线电关键技术、原理、简单原理实验示例等，该章内容是学习搭建基于软件无线电的通信对抗系统的基础。

　　第 3 章　讲述基于软件无线电的卫星通信与对抗系统设计与实现，深入探讨系统的设计原则和关键技术及具体实验操作，包括卫星通信系统设计与实现、卫星通信干扰和对抗链路设计实现及拓展实验。

本书特色如下：

（1）系统全面。本书从系统设计的角度出发，全面介绍了基于软件无线电的通信对抗系统的设计原则、关键技术和核心模块，涵盖了信号处理、波形生成、调制解调等方面内容，使学生能够系统地理解整个系统的构成和运行原理。

（2）精选案例。本书加入了 FM 实时语音通信系统、QPSK 数字调制通信系统、OFDM 数字调制通信系统及多个拓展实验案例，让读者在学习和实验过程中加深对知识的理解，通过新旧知识结合，尽快掌握程序设计方法。

由于编者的水平和知识有限，书中若有遗漏、不妥甚或谬误之处，请各位读者批评指正。

编者

2024 年 3 月

目　录

第 1 章　软件无线电通信系统设计工具概述

1.1　GNU Radio 简介

GNU Radio 是一款强大的开源软件无线电工具包,它通过软件定义的方式来定义无线电系统,并利用最少的硬件构建无线电通信系统。由 Eric Blossom 首次发明的 GNU Radio 已经在全球范围内影响了许多技术开发人员,他们通过在 GNU Radio 平台上共享知识和合作开发,为这个领域带来了许多创新成果。

GNU Radio 是一种通用的软件式无线电设计方法,给出了设计、模拟和部署高效无线电系统所需要的一般流程框架和实现方式,并已在无线电系统设计方面获得了广泛应用。此外,GNU Radio 支持 Linux、Windows、Mac 等操作系统上执行。

在 GNU Radio 软件平台上,集成有大量的信号处理等模块,通过一种机制将模块连接,并形成模块流程图,从而完成软件无线电系统的快速构建。一般的处理信号的模块库包括各种不同的调制方案、观察信号波形图、频谱图、星座图、图形模块、纠错码、滤波器、均衡器等。[1]同时,用户可根据应用的需要自定义编码扩展模块来构建独特的定制模块。

在 GNU Radio 软件平台上,使用 Python 脚本语言和 C++语言混合编程。其中执行效率高的 C++语言,用于编写部分信号处理模块;而 Python 语言因其面向对象、语法基础且不用编译，则用于编写连接不同信号处理模块的程序。

GNU Radio 主要负责高速处理基带信号，例如编码、调制和解调等信号处理过程。它提供了通用软件无线电所需的各种库，包括 PSK、QAM、OFDM 等各种调制方式，差分编码、双相编码等纠错码，以及低通滤波器、FIR 滤波器、快速傅里叶变换等信号处理模块。

尽管 GNU Radio 通常与标准的通用硬件平台结合使用，以软件编程的方式定义无线电的发射和接收来构建软件无线电系统，但如果没有硬件平台，GNU Radio 也可以单独用于调制或解调信号的处理和仿真，对于信号处理算法的仿真也非常有用。

使用电脑作为信号处理软件平台的通用处理器软件无线电平台，通过通用的高级语言（如 C/C++）进行软件开发。这种平台相比专门设计的硬件平台有更大的灵活性。然而，基于通用处理器的软件无线电平台在性能上存在一定限制，因为 PC 的软件和硬件并非为了无线信号处理专门设计，无法实现高速无线通信协议。这一限制阻碍了开发人员使用基于通用处理器的软件无线电平台实现更先进的无线通信协议。

目前，基于通用处理器的软件无线电平台中最常用的是由麻省理工学院（MIT）设计的 USRP（Universal Software Radio Peripheral）硬件前端和对应的软件开发工具 GNU Radio。它可实现信号实时处理，尤其适用于成本较低的射频硬件和通用处理器上的软件无线电。由于软件整体架构主要采用 Python 编写，核心信号处理模块用 C++构建，适用于带有浮点运算处理器。此外，支持 Linux 操作系统，也可移植到其他操作系统上。

Digitech RF 是由青岛国数信息科技有限公司开发的一款 USRP 设备，专门为射频通信物理层教学而制造的设备。该设备可用于射频信号的收发，因为它配备了灵活的上变频转换器（DUC）和下变频转换器（DDC），可以与高速 A/D、D/A 转换器相匹配。图 1-1 为 GNU Radio 和 Digitech RF 的模块结构框图。

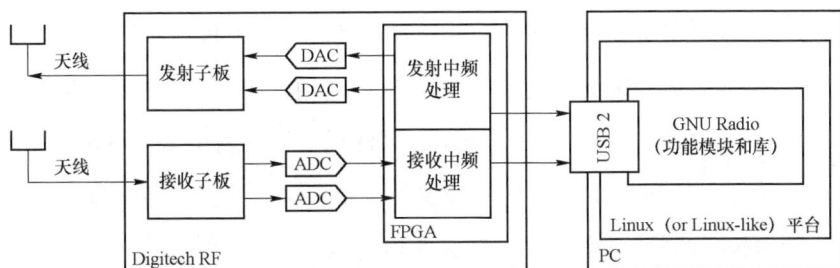

图 1-1　GNU Radio 和 Digitech RF 的模块结构框图

Digitech RF 是与 GNU Radio 配套的硬件前端，它能够将 PC 连接到射频前端（RF Front-End），实质上充当的是无线电通信系统的数字基带部分或中频部分。

USRP 产品系列包含多种模型，但它们采用相似的架构，母板由时钟产生器和同步器、FPGA、ADC、DAC、主机接口和电源调节组成，这些组件是基带信号处理所必需的。USRP 还包括一个模块化的前端，被称为子板，用于对模拟信号进行操作，如上/下变频和波形操作，这种模块化设计允许 USRP 服务于 0～6 GHz 范围内的应用程序。

USRP 在 FPGA 上执行一些数字信号处理操作，将模拟信号转换为数字域的低速率复杂信号。在大多数应用中，这些复杂的采样信号被传输到主机内部，由主机处理器执行适当的数字信号处理操作。FPGA 的代码是开源的，用户可以自行修改，从而在 FPGA 上执行高速、低延迟的操作。

USRP 采用模块化设计，可以连接不同的射频板，每个射频板可在不同的频段工作，提供多样化的带宽。例如，XCVR2450 射频板可以工作在 2.4～2.5 GHz 的频段，带宽为 33 MHz；WBX 射频板则可工作在 50 MHz～22 GHz 之间，带宽为 40 MHz。

GNU Radio 和 Digitech RF 结合，通过软件定义无线电进行发送和接收，形成了一个完整的软硬件通信系统。利用这个平台，我们能够在软件层面实现调制、解调等功能，就像进行软件开发一样简便，便于进行软件无线电的研究和开发。GNU Radio 中有多种库函数，这些库函数涵盖了通信处理的各

3

个模块，如数字信号处理、调制和解调等。通过有效连接这些模块，可以构成一个完整的系统。这个过程可以被称为建立流向图，通过它可以整体设计和搭建无线电系统。同时，GNU Radio 软件提供了非常丰富的 block，包含了调制、解调、滤波、FFT、同步模块等，用户可以直接调用这些 block，还可以根据业务需要进行开发，完成各项功能和任务需要。[2]

图 1-2 为 GNU Radio 和 Digitech RF 所构成的系统的通用层次架构图。

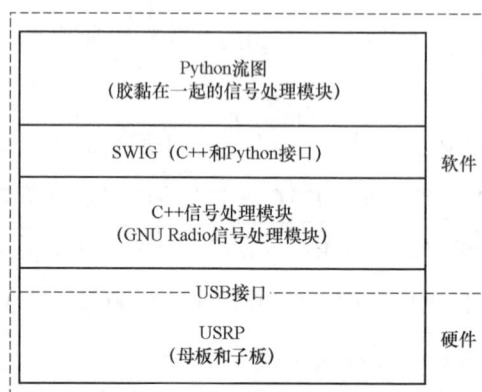

图 1-2　GNU Radio 系统层次架构图

GNU Radio 平台的应用非常广泛，作为一个软件框架，它能够在通用的计算机操作系统上以模块化流程图的方式进行高效的数字信号处理。使用 GNU Radio 时，首先将整个处理流程分为不同的处理阶段，如调制、编码、滤波和校正等，然后将这些处理阶段封装成相应功能的模块，并按照顺序连接起来。通过简单的操作，GNU Radio 能够自动处理信号。

由于所有的通信协议都可以转化为计算机上的软件代码，用户在使用 GNU Radio 时能够快速地修改代码、编译和运行程序。这使得本来复杂的信号处理算法和协议在 GNU Radio 中变得简单，为研究和开发工作节省了时间。GNU Radio 可以呈现直观、真实的实验结果。在开发原型设备时，由于所有功能都是通过软件实现的，省去了硬件电路中实现所需的部分，这种灵活而简单的设计方式节省了开发时间，具有经济性和高效性。

　　此外，GNU Radio 还可以用于高校的通信原理实验指导。许多高校目前仍然使用传统的 Matlab 软件进行仿真实验。如果使用 GNU Radio，运行后可以快速观察到信号星座图、频率漂移等信号处理后的许多现象，相比于 Matlab 软件仿真，实验结果更加直观和清晰。

1.2　GNU Radio 安装步骤

1.2.1　Digitech RF 软件安装

（1）打开附件携带的程序包。

D Digitech GNU.exe

（2）按照默认步骤进行安装。

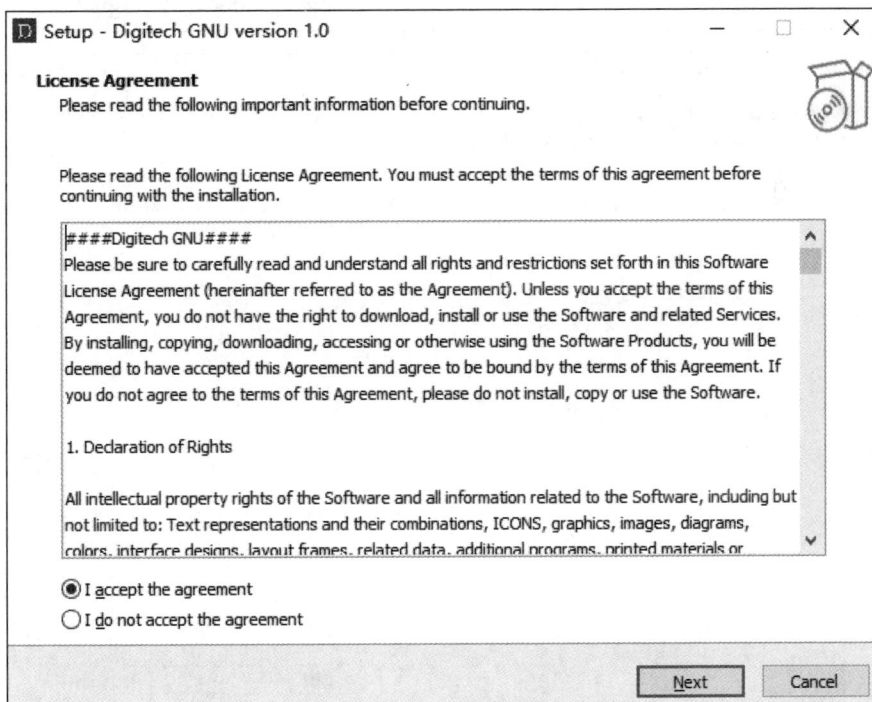

（3）选择安装路径时，必须安装至 C 盘以实现最佳的性能。

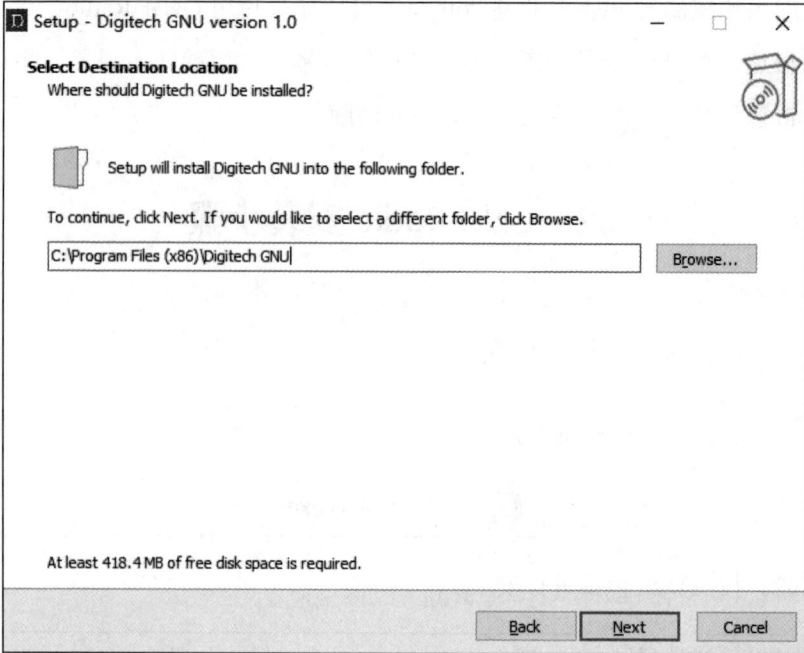

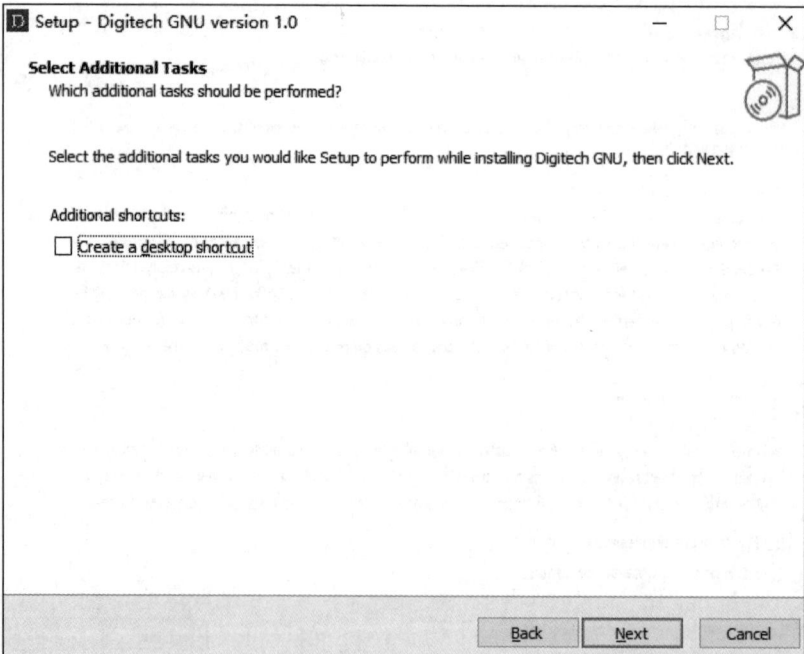

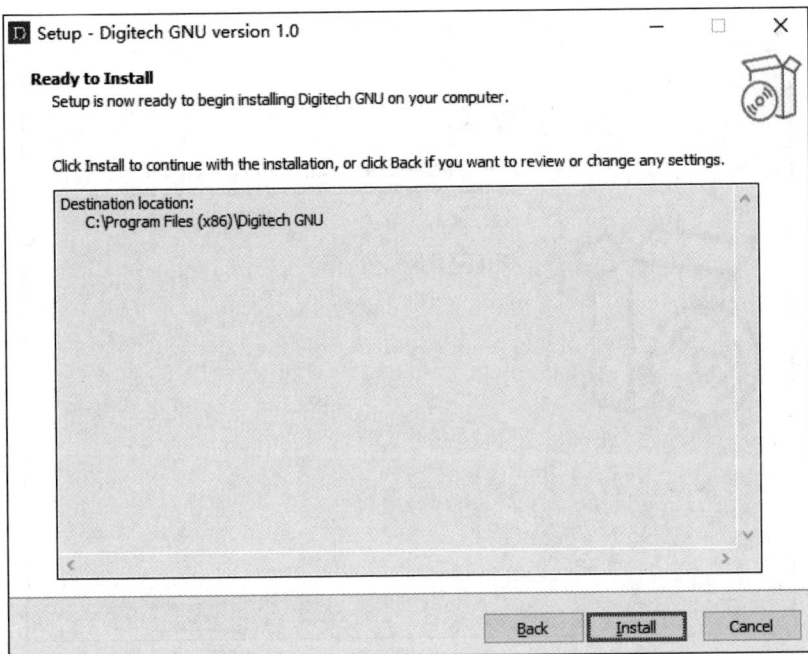

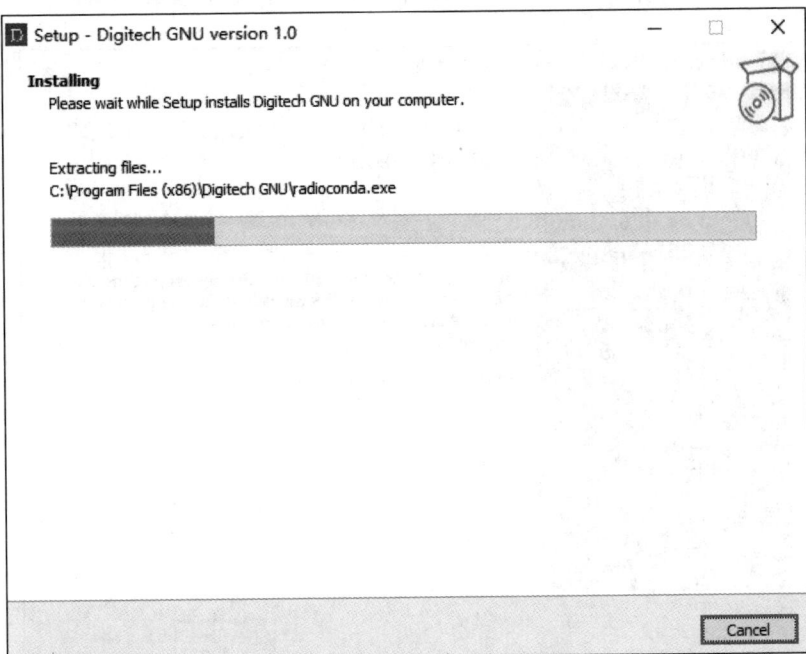

（4）安装完成后，必须默认打开已下载的文件，进行 GNU 附件安装。

（5）之后，同样一律采用默认路径（C 盘）按顺序安装即可。

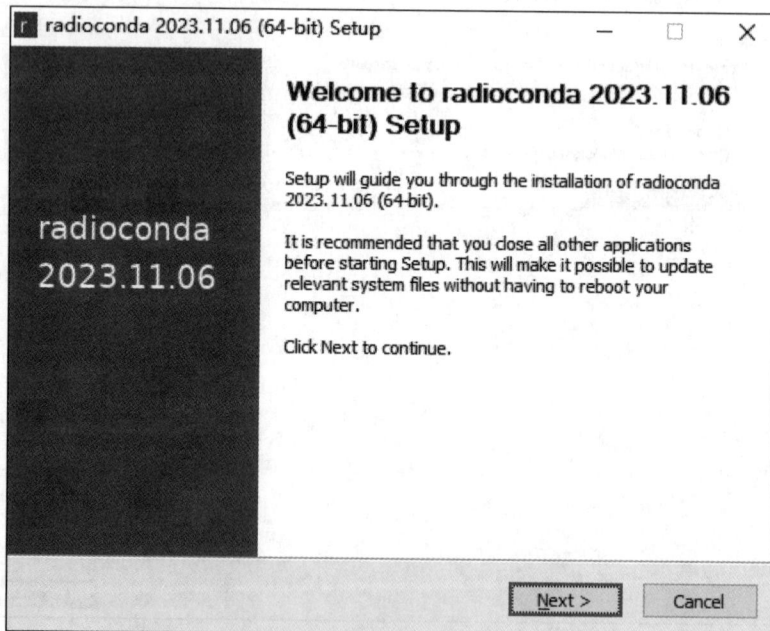

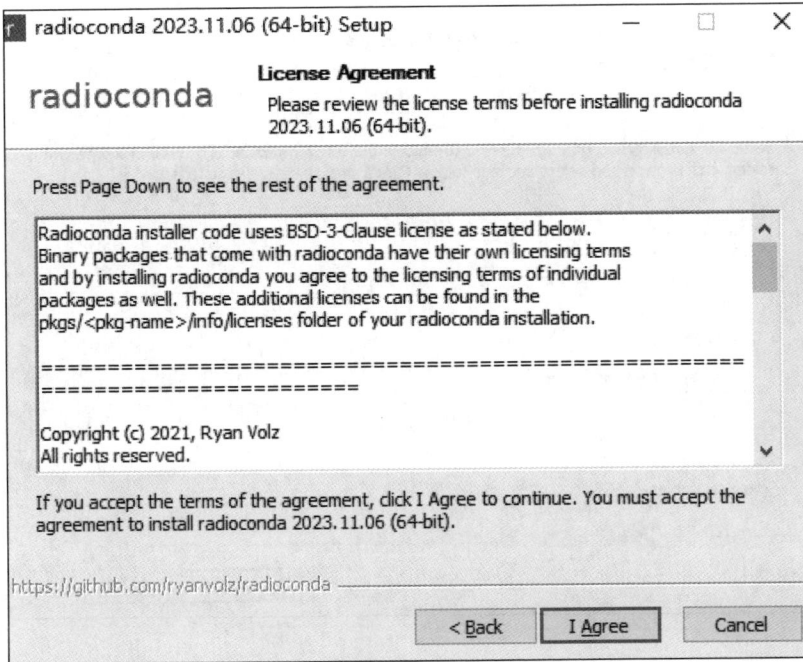

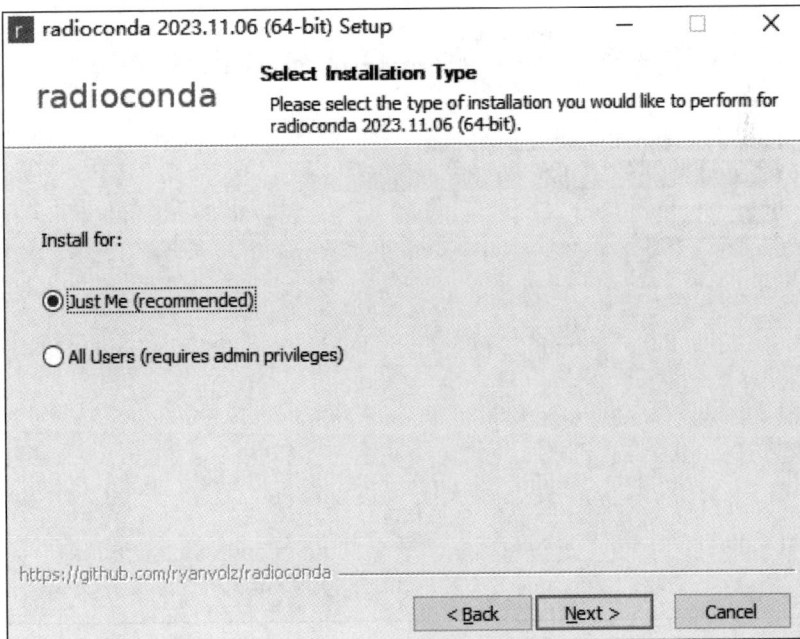

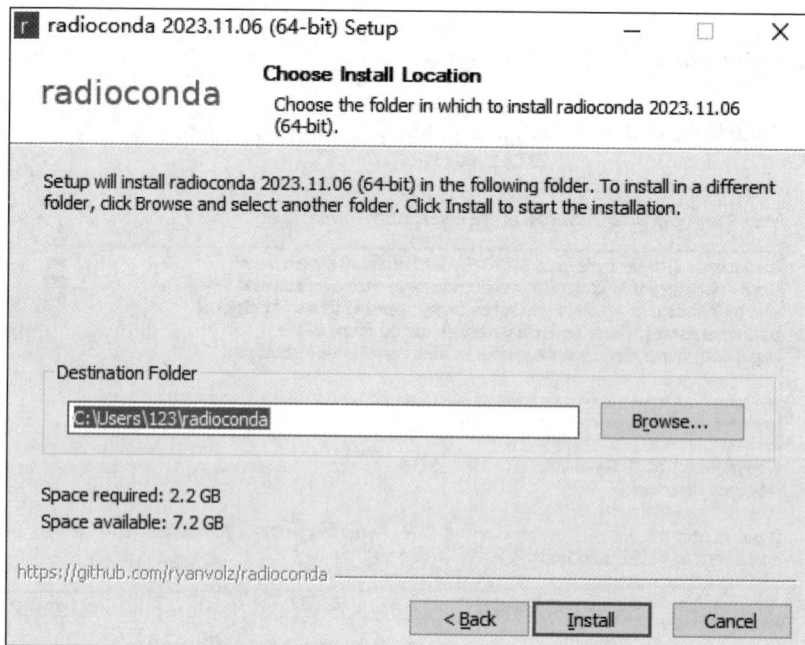

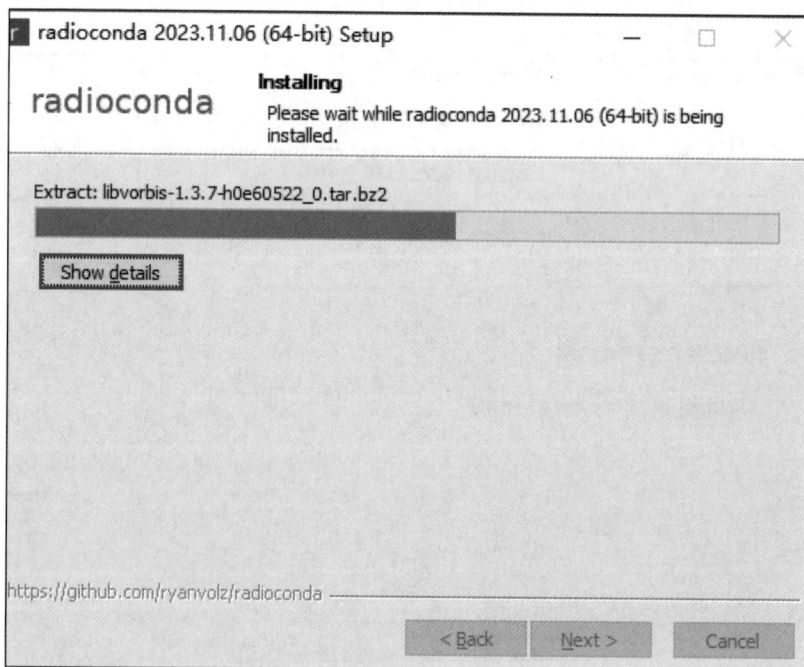

（6）安装完成后，即可在搜索栏找到 GNU Radio Companion 图标（实验课所需软件）。

（7）随后，安装 Digitech 相关补丁，获得完整的实验体验，打开补丁文件。

> D Digitech GNU Patch.exe

（8）按顺序进行安装即可。

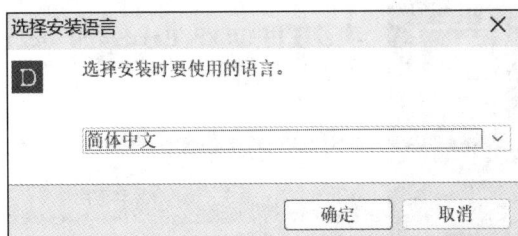

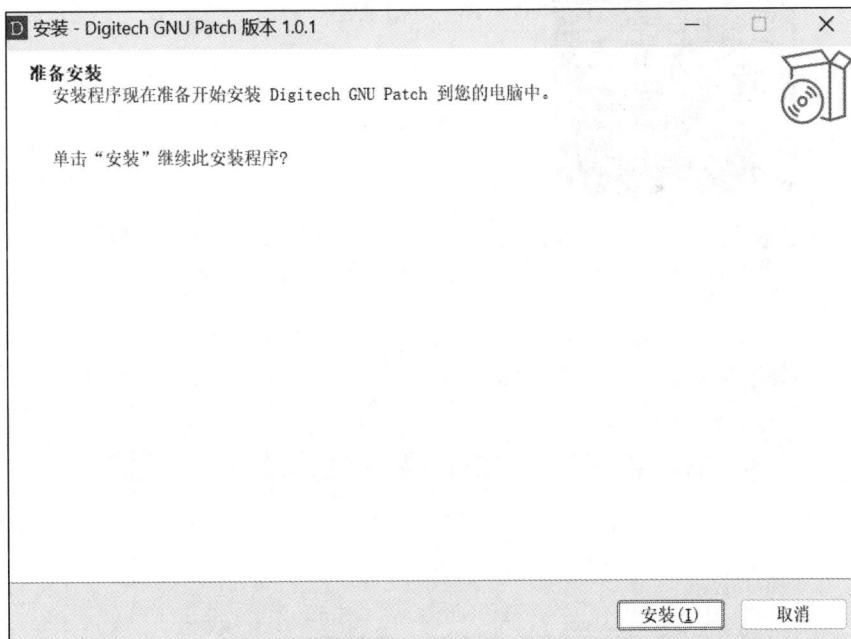

> **选择安装语言** ✕
>
> D　选择安装时要使用的语言。
>
> 简体中文　▼
>
> 确定　　取消

> D　**安装 - Digitech GNU Patch 版本 1.0.1**　　　─ ☐ ✕
>
> **准备安装**
> 安装程序现在准备开始安装 Digitech GNU Patch 到您的电脑中。
>
> 单击"安装"继续此安装程序?
>
> 安装(I)　　取消

（9）至此，完成软件的全部安装工作。

1.2.2　Digitech RF 驱动安装

（1）打开 usrp 驱动文件夹，安装 uhd 安装包。

uhd_4.4.0.0-release_Win64_VS2019.exe

（2）按照步骤进行安装。

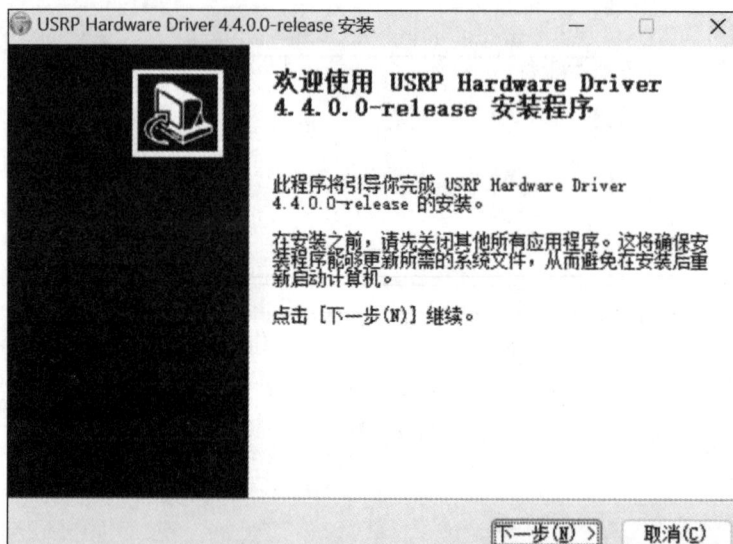

（3）请记住安装路径位置，后续需复制插件到相应位置。

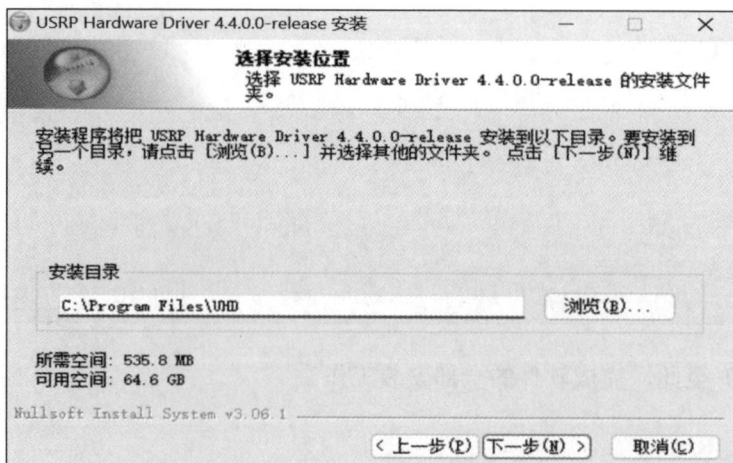

（4）将 erllc_uhd_winusb_driver 驱动文件拷入到 C:\Program Files\UHD\share\uhd\images（上面的安装路径）。

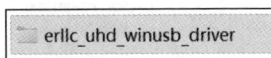

（5）将 libusb-1.0.dll 文件复制到 C:\Program Files\UHD\bin 下。

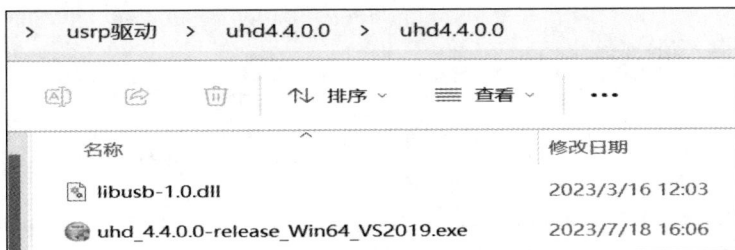

（6）插入 usrp 设备，在设备管理器中找到其他设备（West Bridge）。

（7）右键，选择更新驱动程序，路径选择前文软件的安装位置，浏览我的电脑以查找驱动程序->浏览，定位驱动程序文件夹为 C:\Program Files\UHD\share\uhd\images\erllc_uhd_winusb_driver。

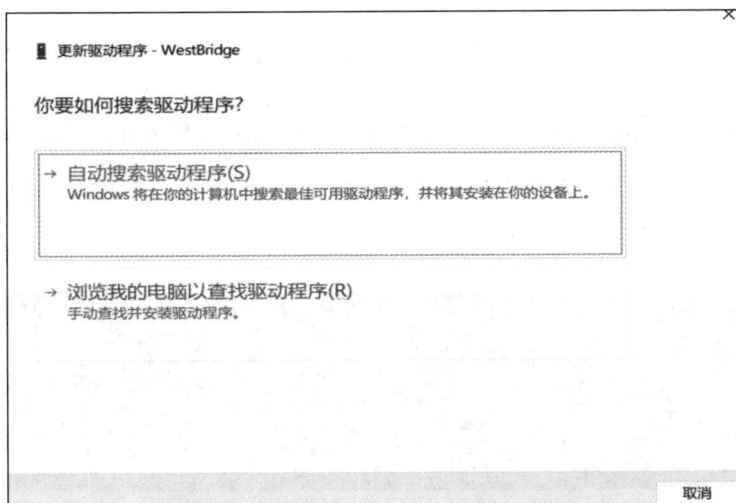

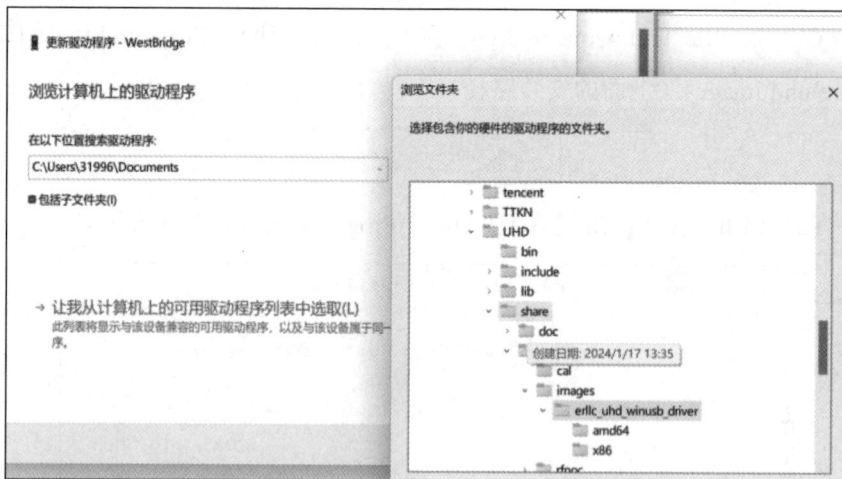

（8）更新完成后，可以实现 USRP 设备的联网识别。

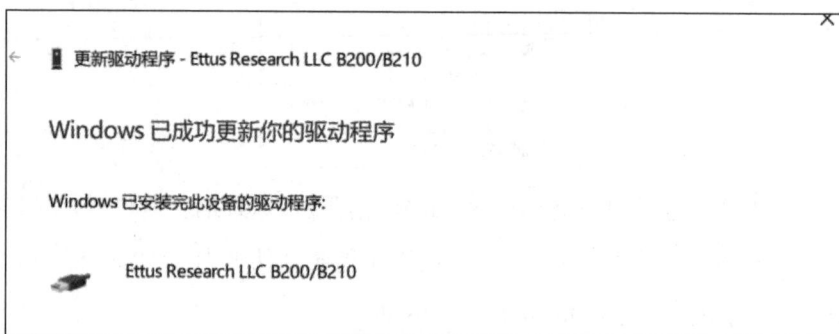

（9）打开 cmd 命令行，在插入 USRP 设备的情况下输入 uhd_find_devices，即可查看设备信息（本步骤非必要，且由于 windows 系统命令的问题，部分电脑可能显示 uhd 未识别）。

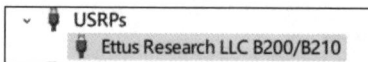

（10）完成后即可在 GNU Radio 中顺利驱动 USRP 设备。

1.2.3　常见问题与排除

1.2.3.1　无法识别设备

检查数据线是否损坏，如果损坏更换数据线。

检查驱动是否安装，如果未安装驱动或驱动不正确，请重新安装驱动。

检查 USB 指示灯是否亮起，如果未亮起，请检查插头是否松动。

1.2.3.2　发射和接收故障

检查收发状态指示灯（RX、TX）是否正常，若不正常，请查看程序是否进行了正确配置。

检查天线接头是否松动，若有松动，请重新安装天线。

检查功放模块是否供电，如无电源，请按要求给模块供电（注意正负极要求）。

1.2.3.3　收发信号弱

检查天线距离和朝向，保持发射和接收天线直立。

检查软件增益设置情况，增加发射和接收功率。

查看收发频段是否符合当前天线要求，更换对应频段的天线。

1.3　GNU Radio 典型模块介绍

1.3.1　软件架构

GNU Radio 的编程基于 Python 脚本语言和 C++的混合方式。C++由于具有较高的执行效率，被用于编写各种信号处理模块，如滤波器、FFT 变换、调制/解调器、信道编译码模块等，GNU Radio 这种模块为 block。GNU Radio 提供了超过 100 个的信号处理块，并且扩展新的处理模块也非常容易。

Python 是一种新型的脚本语言，具备无需编译、基础的语法以及完全面向对象的性质。因此，Python 被广泛用于编写连接各个模块、形成信号处理流程完整的脚本。在 GNU Radio 中，把这些脚本称为 flow graph（流图）。GNU Radio 提供了一个信号处理模块的库，其中包含多种调制模式（如 GMSK、PSK、QAM、OFDM）、多种纠错编码（如 R-S 码、维特比码、Turbo 码）以及多种信号处理结构（如任意滤波器、FFT、量化器）。通过建立一个 flow graph（流图），编程者可以将各个通信模块连接起来，构建一个完整的无线电系统。图 1-3 为流图的流向示意。

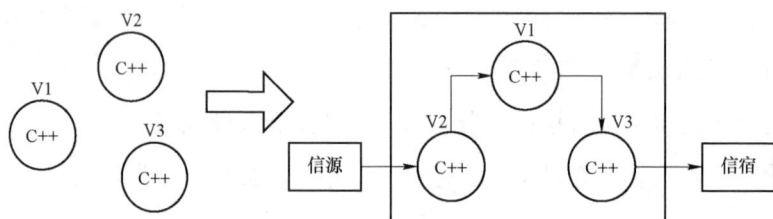

图 1-3　流图示意图

可以将流图比作一块电路板，而其中的 block 就像电路板上的电路模块。我们的任务是将这些模块连接起来，使信号能够从输入端口流入，经过各个信号处理模块，最终从输出端口流出。就像图 1-3 所示的一样，信号数据流不断地通过信号处理模块的输入端口进入，然后从相应的输出端口流出。

1.3.2　硬件平台

GNU Radio 是硬件独立的，有多种硬件设备可以与 GNU Radio 一起使用，如 RF 和 USRP。这里我们使用的是 Digitech RF，因为 Digitech RF 可以实现收发一体。

Digitech RF 是一款全双工运行的可调谐 RF 收发器，可调中心频率范围为 70 MHz 到 6 GHz，适用于通信课程教学。在 GNU Radio 中，Digitech RF

由三个硬件模块组成：射频电路板、USRP2 板和 GPP（通用处理器）。这三个模块在软件无线电系统中承担不同的任务，如图 1-4 所示。射频电路板负责将射频信号转换为中频信号，以及将中频信号转换为射频信号。USRP-2板实现模数、数模的转换以及中频部分的上下变频，它执行数字信号到模拟信号的转换（模数转换），或模拟信号到数字信号的转换（数模转换），并且进行中频的上下变频。GPP 部分实现调制解调基带信号、编解码等功能，负责对基带信号进行调制解调操作，以及进行编解码等处理。

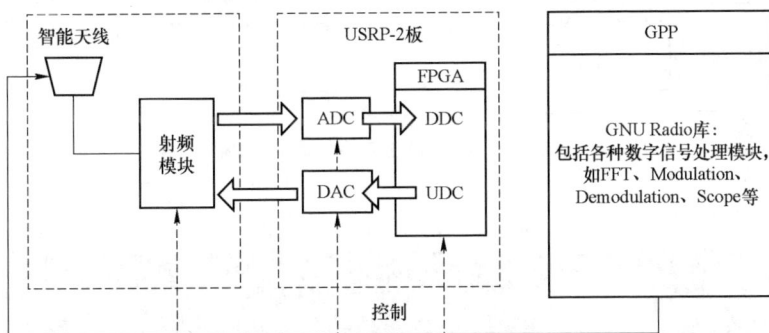

图 1-4　基于 GNU Radio 的硬件平台结构

注：

（1）可以单独进行接收和发射的子板，套装中包括 WBX 收发器。

（2）如果采用 16 位采样，则采样精度降低一半。

（3）半双工信道需要 56 MHz 带宽，全双工信道需要 30.72 MHz 带宽。

（4）硬件平台上集成了 CPLD，但没有 FPGA。

　　Digitech RF 是一个开源且低成本的硬件平台，专为 GNU Radio 设计，可实现 0～5.9 GHz 频率范围内最高 16 Mbit/s 的带宽，将 PC 连接到射频世界，可以利用这些资源结合 GNU Radio 和 Digitech RF 平台，创建各种创新的软件无线电应用。

　　Digitech RF 由母板、不同类型的可定制子板和天线组成。母板包含一个带高速信号处理的 FPGA、4 个高速 ADC 和 4 个高速 DAC，每个 ADC采样速率为 64 MS/s，每个 DAC 采样速率为 128 MS/s；子板作为射频前端，可以把基带信号调制输出到高频载波上，或把输入信号下变频至基带。通常有接收板、发送板及收发板三种类型的子板。

图 1-5 和图 1-6 显示了 Digitech RF 的基本结构、Digitech RF 实物图。

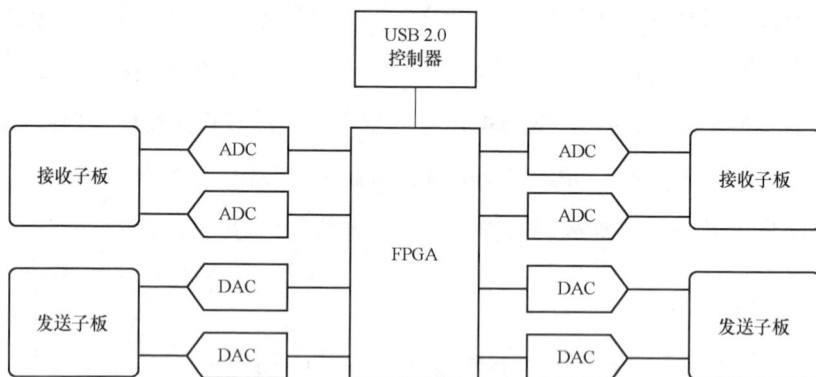

图 1-5　Digitech RF 的基本结构图

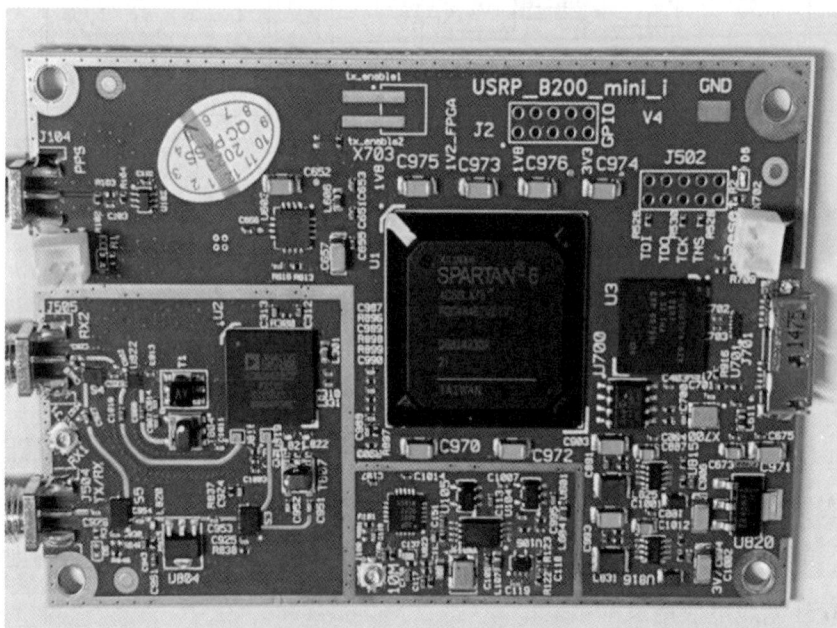

图 1-6　Digitech RF 实物图

Digitech RF 具有以下技术特点：

（1）由一块母板和最多四块前端子板组成，其中两块用于接收，两块用于发射。

（2）母板包括一片 CypressEZ-USBFX2 型号的 USB2.0 控制器。

（3）母板配备一片 Altera Cyclone EP1C12Q240C8 型号的高速信号处理 FPGA。

（4）母板具有四个扩展插槽，可连接 2 到 4 块子板。

（5）母板含有高速 ADC 四个，每个 ADC 的采样率是 64 MS/s，以及四个高速 DAC，每个 DAC 的采样率为 128 MS/s。

（6）每个子板提供 16 个通用输入/输出（GPIO）引脚，用于外部调试。

（7）子板的频率范围涵盖从直流到 5.9 GHz。

母板装备了 ADC、DAC 以及 FPGA，主要用于将中频采样和中频信号转化为基带信号，而不同频段的射频信号则用子板来处理，且用它来进行射频信号与中频信号之间的转换。硬件的各个组成部分的特性对无线电设计和软件编程都非常重要，需要严格按照硬件的约束条件和要求进行操作。Digitech RF 使用了两块 Analog Device 的 AD9862 芯片，每块芯片提供两路 12 bit、64 MS/s 的 ADC 和两路 14 bit、128 MS/s 的 DAC。因此，当一块母板与 4 块子板连接时，总共具有 4 路 ADC 和 4 路 DAC，具备两路收发的复采样功能。

AD9862 集成了可编程的延迟锁定环路（DLL）时钟倍频器、定时电路、温度传感器以及增益和失调调整电路等功能，方便辅助 ADC 和 DAC 进行监视和控制，用于接收信号强度指示。在发送路径上，AD9862 支持多种数据格式，包括希尔伯特（Hilbert）数字滤波器和数字混频器等功能，可以将信号变频至复合或真实信号上，从而减少重构和抗混叠滤波的要求。

Digitech RF 上 4 个高速的 A/D 转换器作为输入，以 64 MS/s 的速率采样，精度为每符号 12 bit；另外 4 个高速的 D/A 转换器作为输出，以 128 MS/s 的速率抽样，精度为每符号 14 bit。这些通道都连接到一个 FPGA 上，FPGA 通过型号为 Cypress FX2 的 USB20 接口芯片连接到计算机上。如果使用实采样，Digitech RF 有 4 个输入通道及 4 个输出通道。如果需要实现复采样（I 路），则需要配对得到 2 个复输入和 2 个复输出通道，使 Digitech RF 具有更大的灵活性和带宽。

1.3.2.1　A/D 转换器

Digitech RF 配备了 4 个高速、精度为 12 位的 A/D 转换器，采样速率为 64 MS/s。根据 Nyquist 定理，其可对 32 MHz 的带宽进行数字化。在带通滤波方面，200 MHz 采样信号的速率能够被 A/D 转换器处理，若能忽略几个分贝的损失，其数字化频率可达 500 MHz，即中频频率。但如果采样信号的中间频率超过 32 MHz，则可能将量化噪声引入，因此信号频率越高，由采样抖动引起的信噪比损失会越严重，这就是一般建议采样上限为 100 MHz 的原因。

A/D 转换器具有二 V 峰峰值的电压范围，最大输出功率为五十欧姆极化差分，而根据计算结果得到的最大输出功率是 10 mW，相当于 10 dBm。可编程增益放大器（PGA）通常置于 ADC 之前，用来调节输入信号的动态范围以匹配 A/D 转换器的动态范围，并在信号较弱时进行放大。A/D 转换器的采样率大约为 128 MHz，但其最高采样速率受限于 32 MS/s。

1.3.2.2　D/A 转换器

Digitech RF 有 4 个高速的 14 位 D/A 转换器，每个 D/A 采样速率为 128 MS/s 理论上它可以数字化 64 MHz 带宽，实际上需要保留一定的带宽来处理非理想状况因此一般设置会低于该频率的数值，频率从直流到 44 MHz（基带采样），在数模转换部分之后，有高达 20 dB 的 PGA 用来提供增益。D/A 转换器的电流输出介于 0～20 mA，可以使用一个电阻将其转变为差分电压。

1.3.2.3　FPGA

Digitech RF 母板所用的 FPGA 型号为 Altera Cyclone EP1C12Q240C8。FPGA 是 Digitech RF 的核心部分，连接着母板上 A/D 转换器和 D/A 转换器，

它功能是完成数字上下变频、插值/抽取滤波，执行高效的数学运算，并且可以降低数据传输速率，使其能符合 USB2.0 的传送。它们之间的联系如图 1-7 所示。

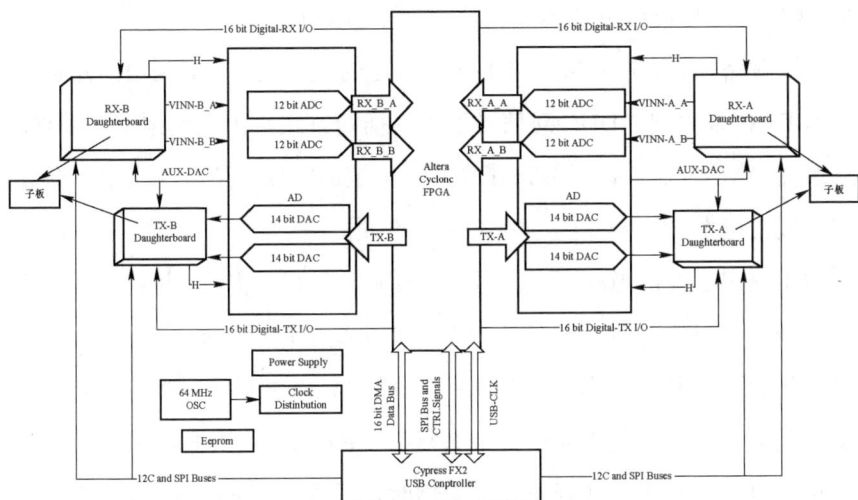

图 1-7　Digitech RF 模块结构图

FPGA 里面有 4 个 DDC，能够支撑相互独立的 12 甚至 4 个接收通道每一个 DDC 的输入信号都可以分成成对的 I、Q 两路，板上的 4 个 ADC 的输出可以跟任一个 DDC 的 I、Q 路之一输入连线。

每个 DDC 的 I/Q 输入与哪个 ADC 相连取决于一个 4 位指定值，每个 DDC 的 I 路一定与其中一个 ADC 相连。例如，二进制数字 1111 表示所有 DDC 的 Q 路要么全部接地，要么全部连接到 ADC 上。如果是实信号采样，那么，根据 FPGA 配置的标准规定；所有 DDC 的 Q 路必须处于接地状态，如果使用复信号采样，则需要修改上述标准配置。

DDC 的最后一步是将经 CIC 抽取滤波器抽样得到的基带信号通过 USB2.0 接口传输至 PC 机。USB2.0 的传输速率为 32 MB/s（256 Mbps），通过 USB 接口传输的采样值为 16 位 Q 数据，所以，通过 USB2.0 接口传输的基带采样信号速率为 8 MS/s（32 特/4 节），这也是它的最大速率，相应的奈奎斯特带宽为 8 MHz。在 Python 中，可以使用函数确定 DDC 的中频频率的抽样倍数参数，其取值范围为 1～256。

FPGA 的 4 个 DDC 的输出交织被 USB 接口读取，Digitech RF 也可以使用全双工模式，如果使用该模式，发送端和接收端是完全独立的，只要使通过 USB 接口的数据速率之和大于等于 32 MB/s 即可。

在发射路径上，它的情况与上面所叙述的依次反过来，利用的是数字上变频器 DUC 来实现。DUC 对信号进行内插的方式，由上变频到中频频段，最终通过 DAC 发送。同样的，在多发送信道的时候，所有输出信号必须保持相同数据速率。

GNU Radio 提供 100 多个信号处理模块，由 C++实现，并通过开放的接口供 Python 调用。这种设计的低耦合性和层次性使得 Python 无需考虑 C++模块内部的运行方式，而强大的 C++代码模块只需开放一些可供外部调用的接口即可。因此，无论应用有多么复杂，Python 代码通常都很简洁，真正的负担由 C++承担。在开发任何应用时，只需使用 Python 描绘流向图，并将各种模块连接在一起即可。

1.3.2.4　block

在 GNU Radio 中，C++编写的高速信号处理模块被称为 block，用于处理基带信号的一些操作，如调制/解调、编码/译码和滤波器等。block 库中提供了超过 100 个常用 block，包括 FM（Frequency Modulation）模块、各种常用滤波器模块和卷积码编码译码模块等。

所有 block 都继承自 gr::basic_block 和 gr::block 两个基类，这些基类定义了与块相关的基本变量，如块的名称、输入/输出类型等。gr::block 还派生出另外三个基类，包括 gr::sync_block、gr::sync_interpolator 和 gr::sync_decimator，可供其他 block 继承。

在使用 block 时，需要将多个 block 连接为一个流图脚本文件，以实现无线通信系统的功能。这要求数据能够在 block 之间高速流动，因此，在 block 中应尽量避免在处理数据之前对其进行大量转存操作，以免影响 block 的性能。

GNU Radio 也提供了一些使用 Python 语言编写的 block，实际上它们是将多个用 C++编写的 block 连接在一起，形成一个流图，然后将该流图封装成 hierarchical block。对于一些较复杂的信号处理模块，可能需要多个用 C++ 语言编写的 block，并将它们连接后封装成一个 block，以方便用户使用。例如 GMSK 调制模块，如图 1-8 所示。

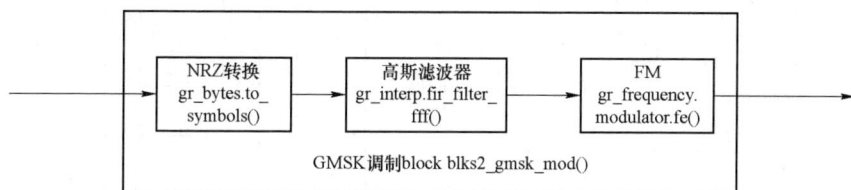

图 1-8　GMSK 调制模块

1.3.2.5　SWIG

用户使用 block 时，需要用 Python 语言将它与其他 block 连接起来，组成流图。然而，用 C++语言编写了 block，使用 Python 语言编写了流图，因此需要实现 C++和 Python 之间的接口转换。SWIG（Simplified Wrapperand Interface Generator）这些基类定义了与块相关的基本变量，如块的名称、输入/输出类型等。gr::block 还衍生出另外三个基类，是 GNU Radio 中专门为实现这一功能而开发的工具。SWIG 简化了封装和接口生成的过程，类似于胶水，将使用 C++编写的 block 和 Python 语言黏合在一起，使得 Python 可以直接调用 block。

1.3.2.6　**流图**

流图和 block 的结构类似于开放系统互连（open system interconnection，OSI）的七层结构思想。在这种结构中，上层不需关注底层的具体运行细节，而底层则需要为上层运行提供服务。在 Python 视角下，主要任务是选择连接流图所需的块，配置参数，然后将它们连接以形成一个应用程序。因此，我们无需了解 C++程序的具体运行过程。在选择这些 block 模块时，需要注意确保有信源和信宿模块。GNU Radio 的软件架构如图 1-9 所示。

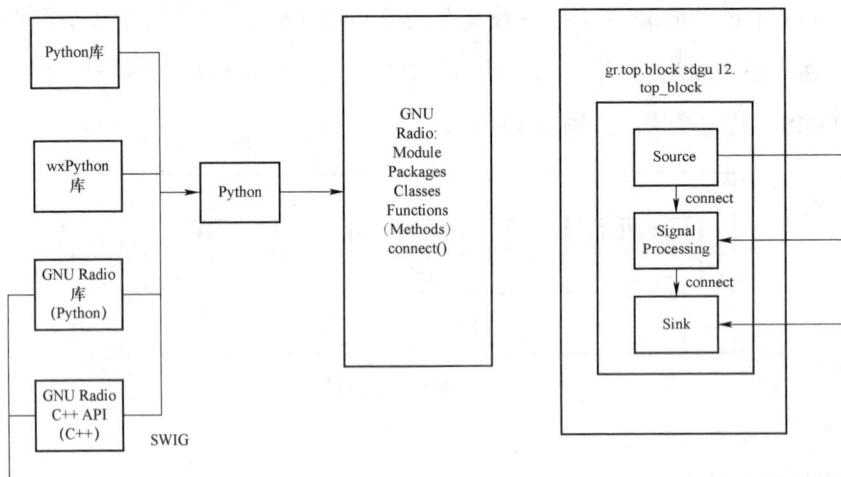

图 1-9　GNU Radio 的软件架构

1.3.3　GNU Radio 工具及功能软件介绍

GNU Radio 随附了许多即插即用的工具和功能软件。如果系统是从源代码安装的，用户可以在"gr-utils/src/python"和"gr-uhd/apps"目录下找到源代码文件。

下面是一些最常用的工具。

（1）uhdft：一个简易频谱分析工具，用于在特定频点显示频谱，它利用连接的 UHD 设备（如一台 Digitech RF）进行操作，并可用于生成瀑布图或示波器。

（2）uhd_rxcfile：连接 UHD 设备记录 UQ 的样本数据流。将数据采样写入文件之中，并可以在之后使用 GNU Radio 或者其他工具如 MATLAB 在离线时进行分析。

（3）uhd_rxnogui：可在音频设备上接收和收听输入的信号，该工具可解调 AM 和 FM 信号。

（4）uhd_siggen_gui：作为基础的信号发生器，它可以产生许多种类常见信号（如正弦波、扫波、方波、噪声等）。

（5）gr_plot：可用来显示提前记录的样本，这些信号的频谱、功率谱密度（PSD）和时域表示可用该套工具来显示。

1.3.4　GNU Radio 基础使用

GNU Radio 的主要目的不是仿真，但这往往是开发信号处理代码的一个重要步骤，有时使用 GNU Radio 作为仿真工具是有利的，因为 GNU Radio 的仿真代码和实际无线传输的应用代码总是相同的。

GRC（GNU Radio Companion）是类似于 Simulink 的用于设计信号处理流图的图形化工具，如果对 FIR 滤波器、数字调制器及其他 DSP 概念比较熟悉，使用 GRC 便会觉得简单而且直接。

GRC 是通过 GNU Radio-companion 命令来激活的。假设安装过程完全正常，便会以自定义的窗口形式弹出 GRC。所有可供使用的模块会在该窗口的右侧栏展示。这些模块可以通过双击显示到主窗口，然后通过单击边界将它们连接起来。

如果需要的所有模块在 GRC 中都有，使用 GRC 来创建流图是不错的选择；如果自己编写模块，可能需要通过写*.xml 文件来创建 GRC 的绑定。

1.4　GNU Radio 使用

1.4.1　核心概念

首先介绍 GNU Radio 中的两个基本概念：流图和模块。类似图论中的概念，流图是数据所流经的图，这种图中节点称为模块。数据在连接节点的边中流动。GNU Radio 是通过流图来完成信号处理的，大多数 GNU Radio 应用程序仅包含流图，实际的信号处理都是在模块内完成的。一个模块通常仅进行一种信号处理操作，如滤波、信号叠加、信号变换、解码等。这样可使 GNU Radio 保持组件化和灵活性。模块通常是由 C++语言编写的，也可以用 Python 语言编写。为了阐明这些概念，下面从一个示例开始，这些例子由 GNU Radio 的图形用户界面 GRC 所创建，如图 1-10 所示。

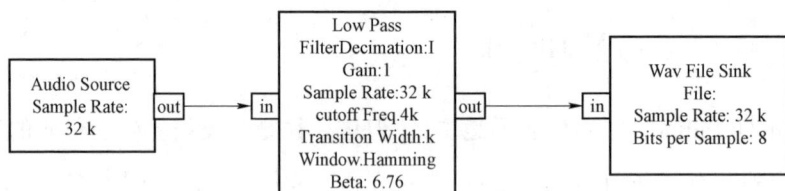

图 1-10　通过 GRC 写入音频数据到文件的例子

图 1-10 的流图中有三个模块（上图中较大的矩形）。数据从左到右流动，数据产生于音频信源模块（Audio Source），经过低通滤波器模块（Low Pass Filter），然后在声音信宿模块（Wav File Sink）中写入硬盘上的文件。这里实际完成了下述操作：音频信源模块连接到声卡驱动程序，并输出声音采样样本，这些信号样本连接到低通滤波器进一步处理，然后，信号样本传递给最后的模块，写入一个 WAV 文件。模块间通过端口连接，第一个模块产生采样数据，没有输入端口，这种只有输出端口的模块，称为"信源"。而最后一个模块没有输出端口，只有输入端口，称为"信宿"。每个流图都至少有一个"信源"和一个"信宿"。"信源"和"信宿"是从流图的视角来看的，但是在用户的视角看来，从声卡获得采样数据的音频信源模块，仅仅是获取声音信号过程中所需处理的其中一部分。

GNU Radio 中一个模块的输出称为一个项目。一个项目是可以数字化表示的任何东西，如一个样本、一组比特数据、一组滤波器系数等。在前面的例子中，一个项目是音频驱动程序产生的采样样本的浮点值。一个项目可以是任何数字类型，包括实数类型（如前例）、复数类型（软件定义无线电中最常见的类型）和整数类型，以及这些标量类型的向量类型。

为理解项目数据类型的多样性和转化，考虑进行 FFT 分析。假如在保

26

存文件前先要对信号执行 FFT 处理,这时,需要一定数量的样本来计算 FFT,与滤波器不同，它不是基于单个样本点来处理的。图 1-11 是它的工作流图。

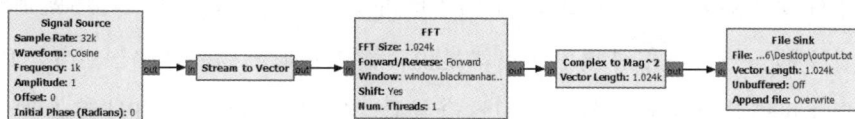

图 1-11　加入了 FFT 的 GRC 流图

在此处的"流转成矢量"（Stream to Vector）模块。其输入类型与输出类型不同是它的特别之处，该模块输入为 1 024 个样本（即 1 024 个项目），并将其输出为一个包含 1 024 个样本的向量（该向量是一个项目）。FFT 的复数输出随之转换成其幅度的平方，变为一个实数值数据类型的项目（注意这里的端口使用了不同灰度来表示不同数据类型）。

1.4.2　GRC 使用要点

用户要做的事情:设计流图、选择模块、定义连接，然后告诉 GNU Radio 用户所做的一切。GRC 在这里提供了两个功能:

（1）它提供给用户大量可利用的模块。

（2）一旦流图定义好之后，它就一个接一个地调用模块来执行流图，并且确保项目通过一个模块传递到另一个模块。

1.4.2.1　采样率

滤波器是不会改变采样频率的,所以整个流图使用的都是同样的采样频率。在第二个例子中，第二个模块（流转成矢量模块）对输入的 1 024 个项目输出一个项目，这样，它输出的项目量就比输入量小了 1 024 倍。当然，就生成字节的速率来说，还是一样的，这个模块被称为抽取器，因为它减小了项目的速率；输出比输入更多项目的模块被称为插补器；如果输入、输出速率一样，就是同步模块。正如前面提到的，它在整个流图中有着不

27

同的采样频率。值得注意的是，这里输入和输出速率比非常重要，而不需要基准采样频率，这是因为计算机可以非常快地处理采样数据，而采样速率是由采样硬件所确定的。只要没有固定频率的硬件时钟，基本的采样率就是没有意义的——只有相对频率（也就是说，输入和输出频率之比很重要。PC可以尽可能快地处理采样值，但这会导致 PC 主机 100%的 CPU 被处理信号所占用）。

这里有另外一个例子，如图 1-12 所示。这里的新情况是信宿有两个输入，每个端口都接向声卡的一个声道（左声道和右声道），它运行在一个固定的采样率。

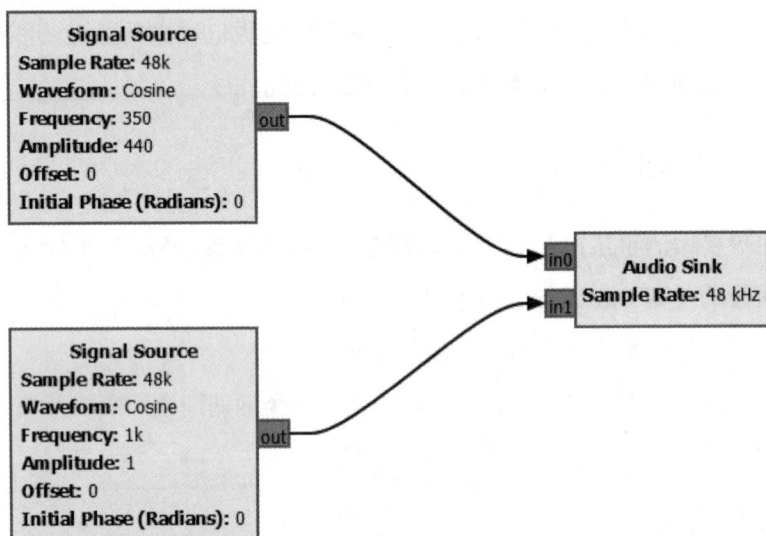

图 1-12　具有固定采样率的例子

1.4.2.2　更多关于模块和原子性

GNU Radio 中最大的部分就是所提供的大量模块，当开始使用 GNU Radio 时，需要一个模块接着一地连接起来，当需要一个 GNU Radio 未提供的模块时，就要自己编写了。要考虑的问题是一个模块中需要包含多少内容呢。理想情况下，模块是最小的单元，每个模块都只做一项工作。有时这是行不通的，一些模块要做很多工作，这就要考虑性能与组件化的平衡。

1.4.2.3　仿真软件要注意的问题

一些用户对 Simulink 仿真软件十分熟悉，需要注意 Simulink 中的处理方式，特别是基于帧和基于采样方法时，以及 GNU Radio 中基于项目的处理方式之间的区别。在 Simulink 中，可以基于帧或基于采样来配置流图，进一步运行，在基于采样的模型中，采样值逐个从一个模块传送到另一个模块，所以，要最大化对信号处理流的控制。然而，这种方式可能会导致损失仿真性能，所以 Simulink 加入了基于帧的处理方式。与 Simulink 不同，GNU Radio 的处理方式是基于项目的。一个项目一般表示一个采样值，也可以是一个矢量。项目的大小描述了在输入端口获得数据的逻辑。虽然 GNU Radio 采用基于项目的操作方法，但它不会造成损失性能，因为它能同时操作尽量多的项目。从某种角度来说，它既基于采样的，又基于帧的。

1.4.2.4　元数据

解析的元数据可在样本数据流中附带，如接收时间、中心频率、采样率，以及特殊协议相关的信息（如节点标志）。在 GNU Radio 中，把原数据添加到样本数据流是通过流标签的机制实现的，流标签可以是标量值、向量、列表、字典，或者用户定义的任何值，这些流标签连接到特定的项目（如样本）。当样本流被硬盘保存时，附加的元数据也被硬盘保存。

1.4.2.5　流和消息：传递协议数据单元包

当前讨论的模块提供的操作是"无限流"模块，即只要项目被送入其输入端，模块就会一直工作。例如，低通滤波器每接收一个新的项目，就会生成一个经过低通滤波后的新样本。它并不在意信号的内容是噪声、数据还是其他。然而，当处理数据包［或协议数据单元（PDU）］时，这种行为就不行了。必须有一种方案可识别 PDU 的边界，即告诉系统第一个数据包的起始是哪个字节，并确定数据包的长度——GNU Radio 提供了消息传递和标记流模块这两种支持方式。

消息传递是异步方法的一种，它可以把 PDU 从一个模块直接传递到另一个模块，这可能在 MAC 层首选的方案。一个 PDU 可被一个模块接收，然后添加一个数据包头，再把整个数据包（包括新的数据包头）传递到另一个模块。使用流标记来让标记流模块分别 PDU 边界。在系统构建过程中，可以混用分别 PDU 的模块和不需要识别 PDU 的模块，也可使模块在消息传输和标记流模块之间切换使用。

1.4.3　GRC 工具使用举例

以下是使用 GRC 构建仿真环境的步骤。以下的流图是信道编码工具箱中的一部分，用于展示所包含的 RMG（Reed Muller Golay）码的能力，如图 1-13 所示。

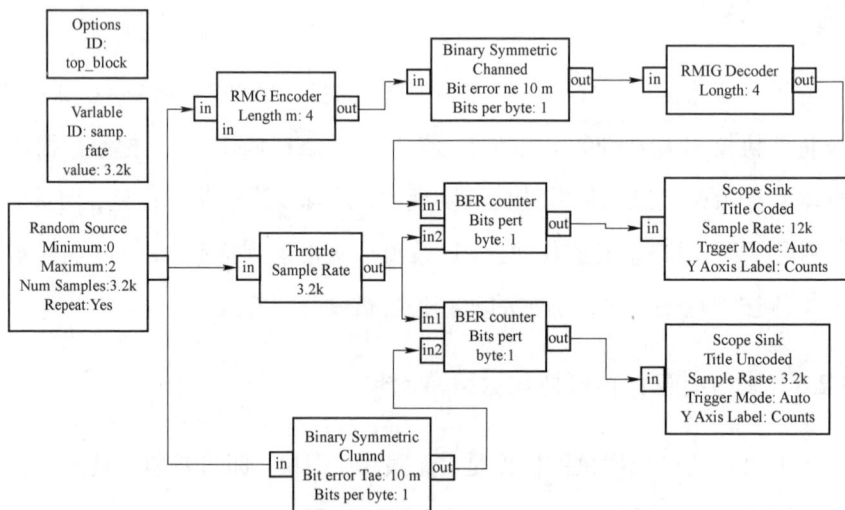

图 1-13　带 RMG 编码器的流图

观察到流图中使用了节流模块，它是随机信源后的第一个模块，该模块只允许一定量的比特数据经过它。这不是一个准确速率，但是离开这个模块的平均比特率将是所指定的采样速率。如果没有节流模块，PC 主机的 CPU 将全速执行流图并且耗尽计算机的处理能力。

这个流图使用图形化的信宿来实时地显示误码率（BER）结果，系统的误码率在编码路径上比非编码路径上有显著的降低，这正是所期望的结果。

另一个例子是 BER 仿真，如图 1-14 所示。

流图采用了 Throttle 节流模块来限制 CPU 的使用率，该流图增加了一个加性高斯白噪声模块，通过移动 E_b/N_0 滑块可以增加或减少误比特率。

矢量信源和信宿非常适合用在需要多次重复运行相同的仿真实验，但需要改变少量测试参数（如信噪比 SNR）的情形。

在上面的例子中，可以做下述实验：

（1）用矢量信源更换随机源。

（2）用矢量信宿更换范围信宿。

（3）写出一个重启流图的循环得到二进制对称信道（BSC）上几个不同的误比特率。

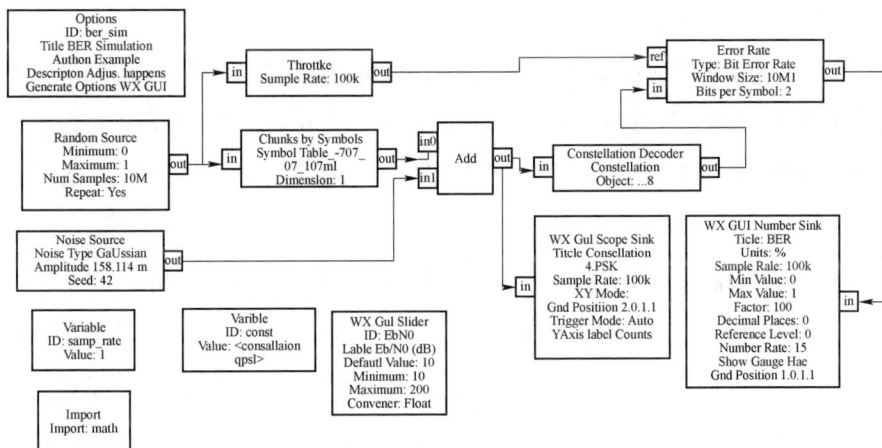

图 1-14　BER 仿真流域

对于每一个循环迭代，在矢量源放置大量比特信息，运行流图并且计算矢量信宿中的平均元素。这将是在给定 BER 信道上接收机的平均误码率。下面是例子：source：gr-digital/examples/berawgn.py，创建结果如图 1-15 所示可以注意到，使用的流图没有使用节流模块，但是用一个头模块来限制 CPU 的执行周期。在一定数量的项目通过该模块后，模块终止运行。这样流图不会无限期地运行下去。

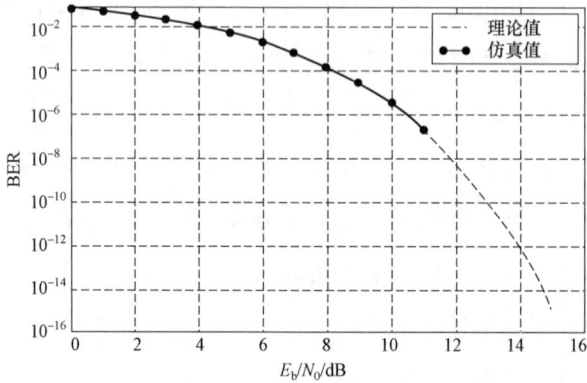

图 1-15　BER 相对 E_b/N_0 的理论和仿真曲线

1.4.4　GNU Radio 中的 Python

GNU Radio 的应用程序主要使用 Python 编程语言编写，而性能要求严格的信号处理模块则由通过浮点库扩展的 C++提供。这使得开发人员能够在一个简单易用和应用程序开发快速的环境中实现实时、高效的无线电通信系统。

这种程序结构与 OSI 的 7 层结构有相似之处。底层向高层提供服务，但高层无需关注底层的执行细节，只需关注必要的接口和调用函数。从 Python 的角度来看，开发人员只需选择适合的信源、信宿和处理模块，设定对的参数，然后把它们相连，构成一个完整的应用程序。事实上，全部的信源、信宿和模块都是由 C++编写的。但在 Python 层面是无法看到 C++程序的运行过程的。在 Python 中的一行语句，可以体现为一段较长的、复杂的而功能强大的 C++代码。因此，无论应用程序多复杂，绝大多数 Python 代码总是比较短而且简单，复杂的命令则交给 C++。用户在 Python 层面上要做的只是规划一个信号流向图，然后用 Python 将它们连接起来。

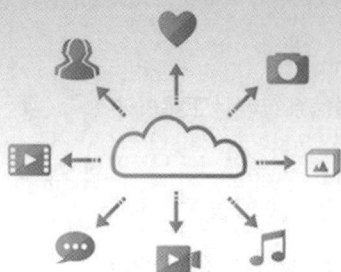

第 2 章 基于软件无线电的通信系统基础设计

2.1 软件无线电平台应用简介

软件无线电平台是一种基于计算机平台的无线电通信技术,其中数字信号处理软件代替了传统的无线电硬件实现方式。这是一个功能强大的平台,为无线电通信技术提供了更加灵活和可定制的解决方案。软件无线电平台应用广泛,可以用于调制解调、编码解码、通信系统仿真等多个领域。

软件无线电平台在无线电通信方面应用广泛。它可以完成各种常见的调制解调实验,包括 QPSK、BPSK、AM、FM、FSK 等常见调制方式。它也常用于编码解码的过程中,包括信道编码、调制编码、纠错编码等。此外,软件无线电平台还可以帮助设计通信系统和协议的性能测试,如 5G 通信系统验证等。由于数字信号处理软件的可编程性,软件无线电平台对不同的通信标准支持程度高,可以应用于各种无线电通信标准,如 Wi-Fi、蓝牙、RFID 等。

软件无线电平台可以用于频谱监控。频谱监测和管理是当前无线电通信领域非常重要的一个问题。通过软件无线电平台,可以实现多通道、宽带的频谱监测,实时监测无线电频段的使用情况,并协助制定频谱管理政策。软件无线电平台可以处理高端采样速率,尤其是与支持 GPipe 的软件射频接口搭配使用,可以帮助提高频谱监控的效率和可靠性。

软件无线电平台可以用于紧急通信。发生灾害、战争、人道主义救援和其他紧急事件时，需要有快速、可靠、灵活的通信，软件无线电平台可以胜任。软件无线电平台可以快速重新配制其通信参数，并能够用于支持复杂的自治系统，如 Mesh 网络、高频跳频网络，以实现更加鲁棒、免于服务器、自治的分散式通信。

软件无线电平台可以用于基于 SDR 的设备测试。软件无线电平台可以帮助测试无线电设备的电磁兼容性，以确保设备符合国际标准并不会对其他设备产生干扰。通过基于 SDR 的 RF 测试系统，可以得到比传统的测试设备更好的性价比，同时具有出色的灵活性。

在总体上，软件无线电平台是一个通用的、灵活的无线电解决方案，可以在许多领域发挥其作用。其应用领域仅限于上述提到的几个方面，事实上，软件无线电平台的应用范围还将不断拓展。

2.1.1　软件无线电概述

软件无线电（Software Radio）也被称为软件定义无线电（Software Defined Radio），是一种利用模块化、标准化、通用化的硬件单元以总线或交换方式连接起来，组成通用无线通信平台的技术。通过加载标准化、模块化、通用化的软件，软件无线电实现了各种无线通信功能，它与传统的由硬件电路构成的无线通信系统，以及单纯通过软件控制的数字无线系统有所不同，代表了一种崭新的信息处理和传输的体系结构与技术。

软件无线电摆脱了传统无线电设计固定电路的思路，采用了模块化的通用硬件平台，通过软件编程来确定系统的工作参数，包括可编程的通信频段、信号调制解调、编解码和通信方式等，从而实现无线通信系统的各种功能。这种以单一物理平台实现多个无线通信功能的系统，相较于传统以硬件为主的无线通信系统，具有降低产品开发成本、缩短产品更新周期、高度系统复用性、开放性强和便于维护管理等技术优势。

通过利用软件无线电技术建立通信中继平台，可以有效解决信号覆盖不足的问题，并克服传统中继方式所带来的一些限制。这将为通信领域带来更灵活、高效和可靠的解决方案。

软件无线电是一个中长期的研究项目，需要结合现代先进的通信技术、微电子技术和计算机技术，具备强大的综合实力。软件无线电旨在建立开放式、标准化、模块化的通用硬件平台，通过软件实现各种功能，如频率、调制方式、数据率、加密模式、通信协议等，从而使得设备更易重新配置，增强了多制式切换和适应技术发展的灵活性。广义上的软件无线电可分为三类。

第一类是基于可控制硬件的软件无线电平台，将多种不同制式的设备集成在一起，如目前市场上常见的 GSM-CDMA 双模手机。这种方式仅能在预设的几种制式下切换，要增加对新制式的支持，就需集成更多电路，其重配置能力十分有限，需要通过设备驱动程序来管理和控制硬件设备的工作模式和状态。

第二类是基于可编程硬件的软件无线电平台，利用现场可编程门阵列（FPGA）和数字信号处理器（DSP）。尽管这类可编程硬件的性能得到了显著提升，但对于大部分技术人员而言，FPGA 和 DSP 的开发门槛仍然相对较高，开发过程也相对烦琐。此外，用于 FPGA 的 VHDL、Verilog 等编程语言通常针对特定的产品，导致软件在这种情况下过于依赖具体的硬件，其可移植性较差。

第三类软件无线电平台采用通用处理器作为信号处理软件的平台，具备极大的灵活性。开发者可使用通用的高级语言（如 C/C++）进行软件开发，因而具备强大的扩展性和可移植性。相较于其他两类平台，基于通用处理器的方案成本较低，并且能够充分利用计算机技术的进步，如持续提升的 CPU 处理能力和软件技术的不断进步。因此，目前基于通用处理器的软件无线电平台已成为主流实现方式。

2.1.2　软件无线电采样技术

ADC 将连续的模拟信号量化为离散的数字信号，并采用 N 比特表示。

然而，量化过程中会带来量化噪声，影响量化信噪比。一般来说，采样速率和量化精度由 ADC 的电路特性和结构决定。在实际情况中，这两个指标通常存在矛盾，即精度要求越高，则采样率就越低。为了实现高速、超高速采样，可以通过降低精度来实现。

高速数字信号处理器是整个软件无线电系统的核心。软件无线电的灵活性、开放性、兼容性等特点主要是基于以数字信号处理器为中心的通用硬件平台和软件来实现的。从前端接收的信号，或将从功率放大器发射出去的信号都要经过数字信号处理器的处理，包括调制、解调、编码、解码等工作。由于内部数据流量大，进行滤波、变频等处理运算次数多，因此必须采用高速、实时、并行的数字信号处理器模块或专用集成电路来实现。

在数字信号处理任务如此繁重的情况下，必须要求硬件处理速度不断增加，同时还需要算法进行针对处理器的优化和改进。由于单个芯片处理速度有限，为了实现数字信号实时处理的要求，需要利用多个芯片进行并行处理。

软件无线电的核心思想是将射频信号尽可能地数字化，通过软件编程来实现各种功能。要了解软件无线电的工作过程，需要了解现代通信系统的理论，包括 Nyquist 采样定理、数字滤波器和数字上下变频原理等。这些理论知识为系统的分析和设计提供了理论基础。

根据 Nyquist 采样定理，任何信号都可以通过离散信号来表示，要求 A/D 采样频率至少是信号的工作带宽的两倍。然而，要实现一个能够处理任何频率和制式的无线电信号的理想软件无线电架构在目前的技术条件下是不现实的。滤波器的矩形系数、高采样速率以及对后续信号处理（如 FPGA/DSP）的高要求都增加了信号处理部分的实现难度。

针对理想软件无线电结构在实际实现中的问题，可以将软件无线电结构分为三种基本类型：基于低通采样的结构、基于射频直接带通采样的结构和基于带通采样的宽带中频结构。每种结构都有其适用的场景和优缺点。

　　基于低通采样的结构是最常见的软件无线电结构,它通过限制输入信号的带宽并进行低通滤波,然后进行抽样和数字处理。这种结构适用于带宽有限的信号,如窄带无线电通信;基于射频直接带通采样的结构直接将射频信号抽样并数字化,避免了频率转换的过程。这种结构适用于宽带信号的处理,但需要更高的采样频率和更高的计算能力;基于带通采样的宽带中频结构将射频信号进行中频转换后进行抽样和数字处理。这种结构兼具了高频率分辨率和低频带宽需求,广泛应用于宽带无线电通信系统。

　　第一种结构如图 2-1 所示,根据 Nyquist 采样定理,为了准确地重建一个信号,采样频率至少要大于信号的最高工作频率的两倍。然而,实现如此高的采样频率对于目前的 DAC(数字/模拟转换器)确实是一个挑战。高速、高精度的 DAC 在设计和制造上都有一定的限制,导致目前很难实现超高采样频率。同时,对于后续的 ADC(模拟/数字转换器)信号处理器件(如 FPGA 和 DSP),提高性能也是一个难以解决的问题。高采样频率意味着需处理更多的数据量,而处理更多数据量需要更强大的计算能力和更高的数据吞吐量。当前的 FPGA 和 DSP 的性能提升仍面临一些技术限制,如功耗和片上资源的限制。为了解决这个问题,研究人员和工程师们致力于开发更高性能的 ADC 和 DAC 芯片,以及更强大的 FPGA 和 DSP 设备。采用更先进的工艺技术、优化的电路架构和算法,可以在一定程度上提高转换器和信号处理器件的性能,还可以通过并行处理和分布式处理等方法来提高整体系统的数据处理能力。因此,虽然目前实现超高采样频率和处理能力确实仍面临挑战,但在持续技术进步和创新的推动下,可以期待在未来有更高性能的 ADC、DAC 和信号处理器件的出现,从而更好地满足软件无线电系统对高速数据处理的要求。

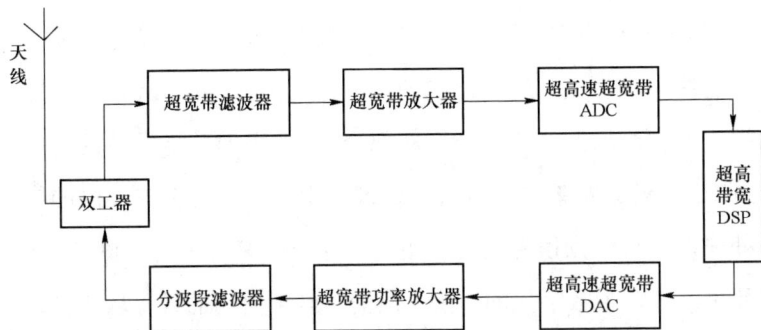

图 2-1　低通采样软件无线电结构

第二种结构如图 2-2 所示，第二种软件无线电结构通过在射频直接带通转换之前加上一级前置窄带滤波器，可以降低 DAC 的采样速率和后续数字信号处理器件的要求。从图 2-2 中可以看出，这种结构框图的优点在于它能降低 DAC 变换的采样速率，使得采样速率与被处理的信号带宽相匹配，减轻了数字信号处理和后续信号处理器件的压力。虽然这种结构框图有很多优点，但在实际中，实现高宽带和前置窄带滤波器功能仍存在难度。筛选出高质量的前置窄带滤波器需要一定的技术经验和实验验证，在高宽带情况下与前置窄带滤波器之间的协调也需要一定的技术实力。此外，需要在实际应用中平衡前置滤波器的通带和抗混频受干扰能力，以实现出色的性能表现。

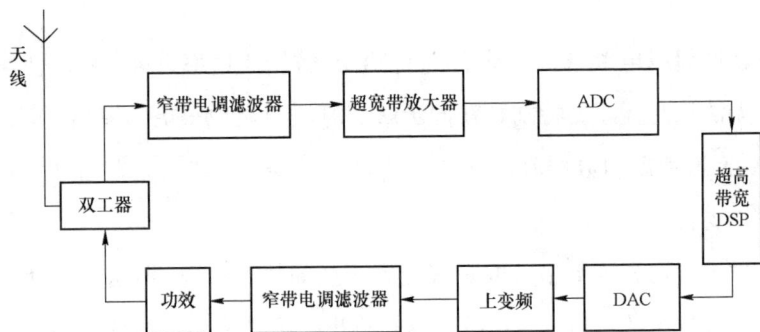

图 2-2　射频带通采样软件无线电结构

第三种结构如图 2-3 所示，第三种软件无线电结构采用了超外差机制（多次混频），其主要优点在于可以通过软件编程实现调制解调等功能，并且能够实现更宽的中频带宽。这种结构图可以很好地在实际操作中实现。其中，射频前端是这种结构的一个重要组成部分，它的主要功能是将射频信号变换成适合 ADC 变换的宽带中频信号。通过多次混频，可以在不同的频率上进行信号处理，使得中频信号的带宽更宽。这样一来，就可以降低 ADC 的采样速率要求，减轻了数字化的压力。然而，射频前端的设计较为复杂，其实现需要考虑到多次混频环节、频率转换以及滤波等方面的要求。对于实际应用中的射频前端设计而言，需要兼顾不同频率信号的处理效果，并确保在频域上的抗干扰能力。

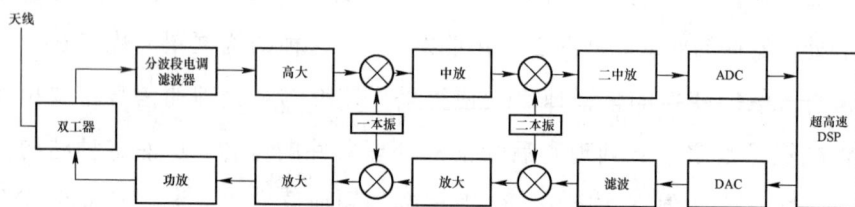

图 2-3　宽带中频带通采样软件无线电结构

　　基于 GNU Radio 和 USRP 的系统平台采用的就是类似上图的软件无线电架构。

2.1.3　采样率分倍数变换

　　在软件无线电领域，高采样率可能导致数据流速率过高，从而使信号处理速度无法满足需求，特别是在同步解调算法中表现得更为突出。因此，需要对 A/D 转换后的数据流进行降速处理，而多速率信号处理为这种降速提供了理论支持。

　　整数倍内插和整数倍抽取是采样率变换的特殊情况，但这种变换也存在采样率变换盲区的问题。为了解决这一问题，研究采样率的分数倍变换变得尤为重要。分数倍采样率变换通过内插和抽取操作实现了采样率的分数倍变换，具体实现可以参照图 2-4。需要注意的是，为了避免信号失真，必须确保内插操作先于抽取操作进行，从而保证中间序列的基带频谱宽度不小于输入或输出序列的频谱宽度。

(a)

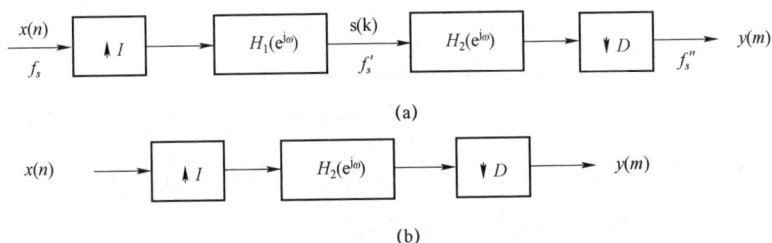

(b)

图 2-4　分数倍变换

根据图 2-4（a）可以发现，两个级联的低通滤波器 $H_1(e^{j\omega})$、$H_2(e^{j\omega})$ 在相同的采样率 $f'_s = I^* f_s$ 下工作。因此，可以使用一个组合滤波器来替代 $H_1(e^{j\omega})$、$H_2(e^{j\omega})$，如图 2-4（b）所示。由此，需要确保组合滤波器 $H(e^{j\omega})$ 的频率特性满足如下条件：

$$H(e^{j\omega}) = \begin{cases} 1, |\omega| \leqslant \min\left(\dfrac{\pi}{I}, \dfrac{\pi}{D}\right) \\ 0 \end{cases}$$

（2-1）

2.1.4　数字滤波器

在采样率变换中，一个关键问题是设计满足抽取前或内插后的数字滤波器的方法，无论是抽取、内插还是采样率的分数倍变换，都需要设计一个能够满足抗混叠要求的数字滤波器。

2.1.4.1　数字滤波器设计基础

图 2-5 表示数字滤波器表示，$x(n)$ 为输入，$y(n)$ 为输出，$h(n)$ 为数字滤波器的冲激响应函数，其数学表达为式（2-2）。

$$y(n) = \sum_{-\infty}^{+\infty} h(k) \cdot x(n-k)$$

（2-2）

用卷积形式可表示为：

$$\delta_S = \delta_P = \delta \tag{2-3}$$

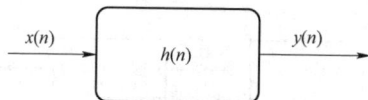

图 2-5　数字滤波器

由式（2-3）和式（2-4）推断，半带滤波器的阻带宽度 $\pi-\omega_A$ 等于通带宽度 ω_C，且通带等于阻带波纹，如图 2-6 所示。

$$y(n)=h(n) \cdot x(n) \tag{2-4}$$

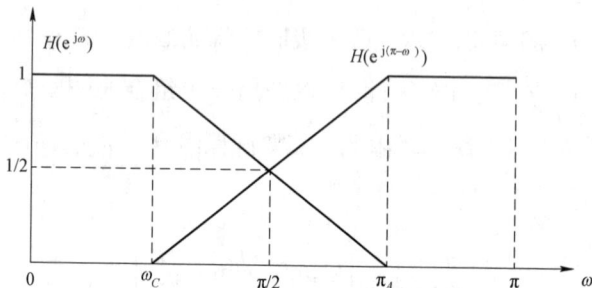

图 2-6　半带滤波器

2.1.4.2　半带滤波器

半带滤波器在多速率信号处理中具有重要作用，因为它适用于实现抽取或内插时的倍数 $D=2^M$（通常为 2 的幂次方倍），并且具备高效的计算性能和强大的实现能力。

半带滤波器是一种有限脉冲响应（FIR）滤波器，其频率响应满足式（2-5），即：

$$\omega_A = \pi - \omega_C \tag{2-5}$$

半带滤波具有下式的性质：

$$H(e^{j\omega}) = 1 - H(e^{j(\pi-\omega)}) \tag{2-6}$$

$$H(e^{j\omega/2}) = 0.5 \tag{2-7}$$

$$h(k) = \begin{cases} 1, & k = 0 \\ 0, & k = \pm 2, \pm 4, \cdots \end{cases} \tag{2-8}$$

半带滤波器的冲激响应 $h(k)$ 在除零点外的其他偶数点位置均为零。因此，在频率变换时，只需进行一半的计算，提高了计算效率。这种特性使得半带滤波器在实时处理场景中特别适用。

2.1.4.3　积分梳状滤波器

在实际系统中，抽取因子 D 通常不是简单的 2^M 倍关系，而是表示为一个整数与 2^M 相乘的形式。因此，使用半带滤波器进行抽取的情况通常是针对抽样因子 D 为 2 的幂次方的特殊情况。当抽样因子 D 不是 2 的幂次方时，例如 $D=40=5\times 2^3$ 时，就不能直接使用半带滤波器，而是需要先进行 $D=5$ 的整数倍抽取，然后再使用半带滤波器进行 2^3 抽取。在这种情况下，第一级整数倍抽取可以使用积分梳状级联积分器梳状滤波器（Cascade Integrator Comb，CIC）实现。

积分梳状滤波器的冲激响应如下式所示：

$$h(n) = \begin{cases} 1, & 0 \leqslant n \leqslant D-1 \\ 0, & \text{其他} \end{cases} \tag{2-9}$$

其中，D 为 CIC 滤波器的阶数（也就是抽样因子）。CIC 滤波器的 z 变换为：

$$H(z) = \sum_{n=0}^{D-1} h(n) \bullet z^{-n} = \frac{1}{1-z^{-1}}(1-z^{-D}) = H_1(z)\ H_2(z) \tag{2-10}$$

其中，$H_1(z) = \dfrac{1}{1-z^{-1}}$；$H_2(z) = 1-z^{-D}$。

可见 CIC 滤波器由积分器 $H(z)$ 和梳状滤波器 $H()$ 级联而成。将 $z = e^{j\omega}$ 代入上两式可得

$$\left| H(e^{j\omega}) \right| = \left| \frac{\sin\left(\dfrac{\omega D}{2}\right)}{\sin\left(\dfrac{\omega}{2}\right)} \right| = D \left| Sa\left(\frac{\omega D}{2}\right) \bullet Sa\left(\frac{\omega}{2}\right) \right| \tag{2-11}$$

其中，$Sa()$ 函数是抽样函数，$Sa(x) = \dfrac{\sin x}{X}$ 简单的梳状滤波器和积分滤波器的 x 实现框图如图 2-7 所示。通过观察图 2-7，我们可以发现梳状滤波器是一种由延时单元和加法器组成的 FIR 滤波器，而积分器可以视作一种 IIR（无限冲激响应）滤波器，但是缺少了前馈单元。观察梳状滤波器和积分滤波器，可以发现在积分器中的反馈回路上含有一个乘 +1 操作，而在梳状滤波器中的前馈回路有一个乘 −1 的操作。这两个操作可以通过简单的取反运算来实现，这也就是说它不需要乘法运算，大大降低了电路的复杂性，因此与一般的 FIR 和 IR 相比，CIC 滤波器节省了大量资源。

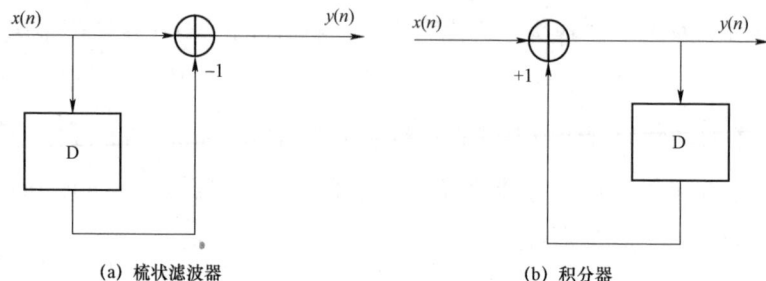

(a) 梳状滤波器　　　　　　　　　(b) 积分器

图 2-7　CIC 实现框图

2.1.5　软件无线电基本结构

软件无线电基本处理结构由射频前端、ADC 和 DAC 以及软件处理部分（如 DSP）组成。在这三个部分中，ADC 和 DAC 作用最为关键，因为不同的采样方式决定不同的射频前端的组成结构以及之后对数字信号的处理。根据采用的不同采样方式，软件无线电的组成结构可以分为三种类型，如上述的低通采样软件无线电结构、射频直接带通采样软件无线电结构和宽带中频带通采样软件无线电结构。

2.1.5.1　发射机

在通信系统中，发射机的主要任务是完成信源的编码、调制、上变频、数模转换和功率放大等过程，并通过天线将信号发送到无线信道中。数据源模块（Random Source）能够随机产生 0 和 1 的比特序列。这些序列经过 QPSK 调制模块加入高斯白噪声，并经过限速模块和相位时钟同步模块进行混频，最后通过 Digitech RF 的 sink TX 端口发送出去。在程序设计过程中，可以根据需求调整采样率、噪声功率、幅度增益、混叠频率等参数。同时，还可以选择不同的 GRC 模块来实现不同的功能，如可以选择不同的数据来源类型（文本文件、图片）和调制方式（GNU Radio 提供 GFSK/QPSK/n-QAM/OFDM 等调制模块）。

2.1.5.2　接收机

接收机的主要任务是通过天线从无线信道中接收射频信号，并完成信号的混频、采样、下变频等处理过程，最终解调和解码得到数据。

接收机可以根据实验需要设置不同的观测模块。Scope Sink 模块用于观察信号的时域波形，Constellation Sink 模块用于显示信号的星座图，FFT Sink 模块则执行快速傅里叶变换并展示频谱分析结果。接收到的信号的时频域分析结果还可通过 File Sink 模块保存到计算机中。

如图 2-8 所示，通过发送机发出的信号经过无线信道传输到接收机后，受到噪声干扰的信号会对时域波形产生影响。通过观察星座图结果，可以验证该信号的调制方式为 QPSK。

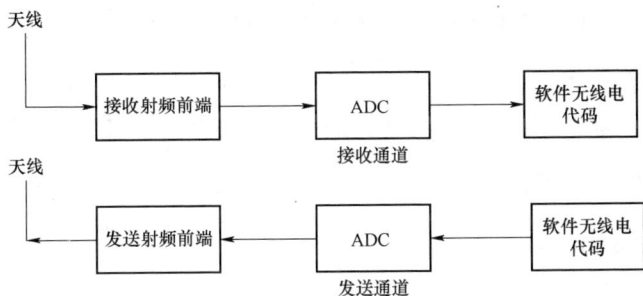

图 2-8　软件无线电处理流程

2.1.5.3　数字下变频

数字下变频是一种降低后续信号处理速率的技术，通过将所需分量从中频载波频率转移到目标频率（如基带频率）。在数字混频器中，输入信号样本 $x(n)$ 与数控振荡器生成的复向量样本相乘，实现频率转移。随后，通过低通滤波器滤除混频过程中产生的带外信号，将输入信号的频谱转移到基带频率。

假设输入样本 $x(n)$ 如下式所示，即：

$$x(n) = A(n)\cos\left(2\pi n \frac{f_0}{f_s}\right) \qquad (2\text{-}12)$$

其中，$A(n)$ 为基带采样信号；f_0 为中频载波频率；f_s 为采样频率。则经过混频之后的信号为：

$$x'(n) = A(n)\cos\left(2\pi n \frac{f_0}{f_s}\right)\cos\left(2\pi n \frac{f_{L0}}{f_s}\right) \qquad (2\text{-}13)$$

其中，f_{L0} 为数控振荡器的本振频率，一般情况下 $f_{L0} = f_0$。

根据三角函数公式，可得：

$$x'(n) = A(n)\frac{1}{2}\left\{\cos\left[2\pi n \frac{(f_{L0} - f_0)}{f_s}\right] + \cos\left[2\pi n \frac{(f_{L0} + f_0)}{f_s}\right]\right\} \qquad (2\text{-}14)$$

根据式（2-14），混频后的信号含有基带信号和高频分量。经过低通滤波器滤除高频分量后，输出信号变为基带信号，实现了数字下变频的转换。由于混频后的数据率可能很高，传统的低通滤波器可能处理不了这么高的速率。因此，先使用级联 CIC 滤波器和半带滤波器抽取器（HBF）降低数据率，再经过低通滤波，这一过程如图 2-9 所示。

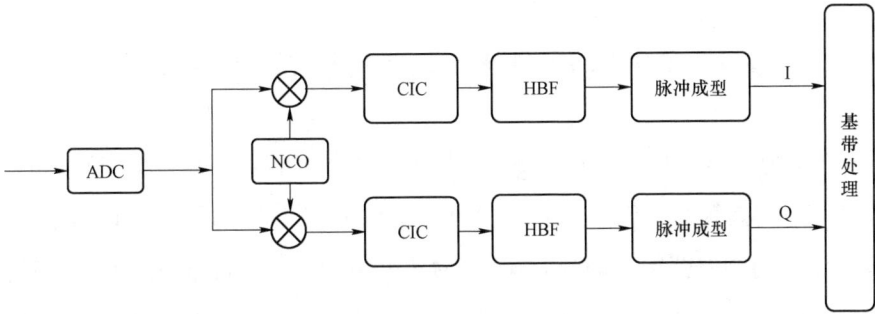

图 2-9　数字下变频

2.1.5.4　数字上变频

数字上变频是数字下变频的逆过程，将基带处理后的数字信号转换为适合信道传输的信号。在频域上，它将基带信号转移到更高的频率，经历脉冲波形形成、滤波和混频等步骤。首先，基带信号经过脉冲波形滤波生成符号，以进行模拟形态传输，接着通过半带滤波器进行滤波。滤波后的信号与载波混频相加，得到数字中频信号。

数字上变频的关键部分是滤波器，它起到插值的作用，通过在原始采样间隔内添加新的零点来提高输出信号的采样率，此外，还需要使用低通滤波器来滤除插值引起的原始信号的镜像频谱，因此插值滤波器包括低通滤波器。图 2-10 显示了数字上变频的结构。[6]

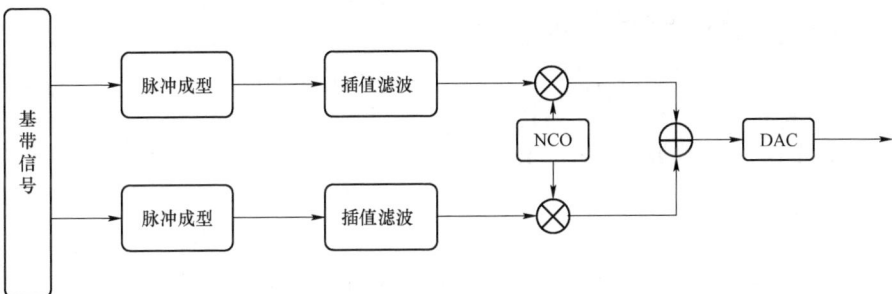

图 2-10　数字上变频

47

2.2 FM 实时语音通信系统设计与实现

FM 是频率调制（Frequency Modulation）的简称，在收音机中常见的术语有 FM（调频）、MW（中波）、SW（短波）和 LW（长波），它们分别代表着不同的频率范围和调制方式。AM（Amplitude Modulation）和 FM 是指无线电通信中两种不同的调制方式，AM 即调幅，是通过改变信号的振幅来传输信息。而 FM 即调频，是通过改变信号的频率来传输信息，在广播中通常是指频率在 76～108 MHz 之间的调频广播（在中国为 87.5～108 MHz）。SW 是指频率在 10～100 m 之间的短波广播；MW 则介于 200～600 m 之间。HF 的波长也在 10～100 m 之间，因此通常被称为短波。长波广播的频率范围通常在 150～284 kHz 之间。

FM 收音机利用 FM 调频技术传输无线电信号。相比使用 AM 调幅的收音机，FM 收音机的信号传输效果更好，因为 FM 波长较短。然而，由于 FM 属于短波，传播距离相对较短。一些手机也内置了 FM 收音机功能。

2.2.1 FM 信号数字化实现

FM 调制是指用载波频率的微小变化来表示模拟基带信号的幅度变化。简而言之，就是在调频信号中，载波信号的频率会随着基带调制信号的幅度变化而变化。

FM 信号在时域的表达式为：

$$S(t) = A\left[\cos\left(\omega_t + k_f \int_0^t v_n(t)\mathrm{d}t \right) \right] \tag{2-15}$$

其中，ω_c 为载波角频率，rad/s，v_Ω 为调制信号，k_f 为频偏常数。把上式展开并化简得：

$$S(t) = A\cos(\omega_c t)\cos[k_f \int_0^t v_\Omega(t)\mathrm{d}t] - A\sin(\omega_c t)\sin[k_f \int_0^t v_\Omega(t)\mathrm{d}t] \tag{2-16}$$

$$= A\cos(\omega_c t)\cos\Phi - A\sin(\omega_c t)\sin\Phi$$

48

其中，$\varPhi = k_f \int_0^t v_\varOmega(t)\mathrm{d}t$ 。

因此，用正交调制法产生 FM 信号时可令：$I(t)=\cos\varPhi$；$\varOmega(t)=\sin\varPhi$。

则模拟 FM 信号的通用表达式为：

$$S(t) = A\,[\,I(t)\cos(\omega_c t) - Q(t)\sin(\omega_c)t\,] \qquad (2\text{-}17)$$

上式表示中频 FM 信号，经过采样率采样后，得到的中频数字化 FM 信号为：

$$S(n) = A\,[\,I(n)\cos(\omega_c n / f_s) - Q(n)\sin(\omega_c n / f_s)\,] \qquad (2\text{-}18)$$

2.2.2　FM 信号数字解调算法

2.2.2.1　数字正交解调

将式中得到的中频 FM 数字信号 $S(n)$ 分别与两个正交的本振频率和相乘后，得到：

$$S_L(n) = \frac{A}{2}\,[\,I(n) + I(n)\cos(2\omega_c n/f_s) - Q(n)\sin(2\omega_c n / f_s)\,] \qquad (2\text{-}19)$$

$$S_Q(n) = \frac{A}{2}\,[\,Q(n) - Q(n)\cos(2\omega_c n/f_s) - I(n)\sin(2\omega_c n / f_s)\,] \qquad (2\text{-}20)$$

正交分解后，采用积分梳状滤波器（CIC）、半带滤波器（HB）和 FIR 低通滤波器构成抽取器组，完成信号的低通滤波和抽取。完成滤波和抽取处理后，得到的信号表达式为：

$$X_I(n) = K \cdot I(Dn)\,; \; X_Q(n) = K \cdot \varOmega(Dn) \qquad (2\text{-}21)$$

软件无线电中，多数采用数字信号相干解调方法来实现信号的解调，主要是由于正交解调方法中可以利用信号的正交性有效抵抗多径干扰、多径衰落等导致的解调信号失真，因此采用正交解调方法得到：

$$
\begin{aligned}
F(n) &= X_{I(n)}[X_Q'(n) - X_I'(n)X_Q(n)] \\
&= X_I(n)[X_Q(n) - X_Q(n-1)] - [X_I(n) - X_I(n-1)]X_Q(n) \qquad (2\text{-}22) \\
&= X_I(n-1)X_Q(n) - X_I(n)X_Q(n-1)
\end{aligned}
$$

2.2.2.2 数字锁相环解调

锁相环回路（PLL）适用于输入为复数基带信号的 FM 解调，在调频解调中具有比较广泛的应用。将模拟锁相环的各个模块采用数字方式实现，采用数字鉴相器，IR 或 FIR 数字滤波器、数控振荡器来取代对应模拟模块。数字锁相环能够避免温度漂移和易受电压变化的影响，稳定、可靠、调节方便，并且数字锁相环解调可以通过软件编程来实现。

在频率调制中，两个振荡器均采用正弦波形。尽管如此，由于频率调制技术可以生成丰富的频谱，作曲家不必依赖于复杂的波形来完成 FM 合成。频率调制的频谱包含了位于载波频率两侧的频谱成分，其间隔与调制频率相一致，这些成分是根据调制频率的泛音组合而成。频谱成分中的能量分配取决于频率偏离的量，由调制振荡器产生。增加偏离指数会产生更多的边频，获得更大的能量，但这会以牺牲载波频率的能量为代价。因此，偏离可以控制 FM 信号频谱的边频。

如果输入的载波频率为 1 000 Hz，调制频率为 250 Hz，每个频谱成分的振幅由偏离指数和调制频率确定。

频率调制的效果有时与加法合成类似，但两者的本质区别在于，加法合成是在基本波形上叠加谐波分音，而 FM 合成则完全调制了基本波形，产生了另一种复杂的波形。因此，频率调制技术与加法合成技术是两种截然不同的合成技术。

2.2.3 实验

实验一 FM 收音机

实验目的

通过接收 FM 广播并播放实践，理解无线电通信中基于频率调制的原理，掌握使用 GRC 软件进行无线电通信系统的搭建和仿真，加深对软件无线电和数字信号处理的理解。

　　WBFM（宽带调频）是一种流行的频率调制方法，可以用于广播、音乐、语音等信号传输。通过搭建 WBFM 接收的 GRC 程序，可以更好地理解 WBFM 调制的原理及其在无线电通信中的应用。无线电信号可以通过硬件接收并进行解调等操作，但是这需要很多硬件设备和高昂的成本。GRC 软件可以模拟收发设备，并进行软解调等操作。

　　实验原理

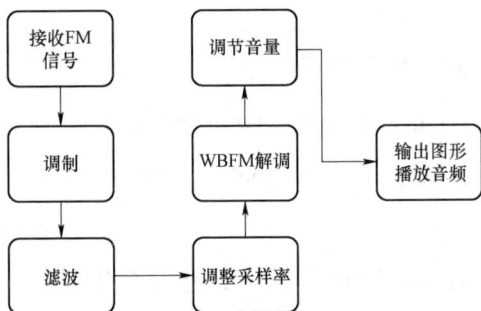

　　实验流程

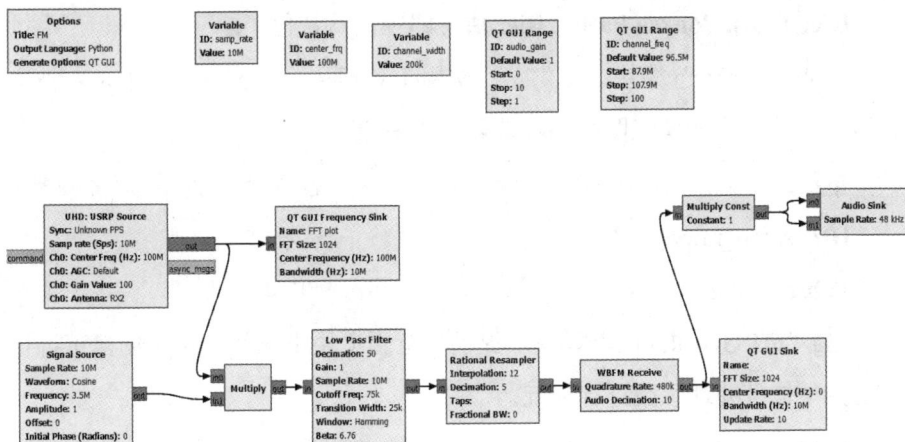

　　模块介绍

　　（1）"Option"模块：注明了 GRC 流图文件名称、标题和作者等信息。

51

参数：

ID、Title：标题。

Author：作者。

Copyright：版权。

Description：描述。

Output Language：［Python，C++］，输出语言。

Generate Options：［QT GUI，No GUI，Hier Block，Hier Block（QT GUI）］，生成选项。

Run：［Autostart，Off］，运行。

Max Number of Output：default'0'，最大输出数。

Realtime Scheduling：['Off'，'On']，实时调度。

QSS Theme：主题。

Thread-safe Setters：['Off'，'On']，螺纹安全型二传手。

Catch Block Exceptions：['Off'，'On']，Catch 块异常。

Run Command：'{python}-u{filename}'，运行命令。

Hier Block Source Path：Hier 块源路径：默认值 '.:'。

（2）"Variable"模块：提供了一些用于处理和管理变量的功能。它被广泛用于处理信号处理流图中的参数和状态变量。

参数：

ID：samp_rate。

Value：10e6。

（3）"QT GUI Range"模块：提供了范围滑块小部件，用于创建可视化界面并与信号处理参数进行交互。

参数：

ID：audio_gain。

Label：标签。

Type：［folat，int］，类型。

Defult Value：默认值：1。

Start：开始，变量的起始值。

Stop：停，变量的结束值。

Step：步进值，将在小组件上显示的变量值的增量。

Widget：［Counter+Slider，Counter，Slider，Konb，Entry+Slider，Entry］，控件。

Minimum Length：最小长度：200。

GUI Hint：提示。

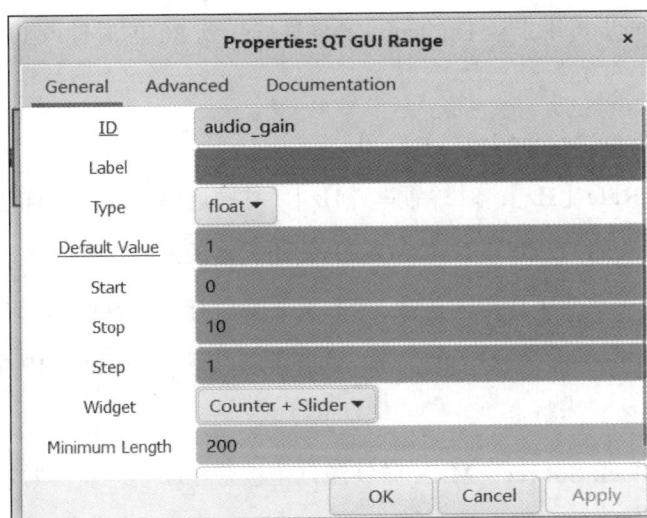

（4）"UHD USRP Source"模块：数据源模块，选择 Digitech RF 设备的参数（如采样率和中心频率），从 Digitech RF 设备获取信号数据。

参数：

Output Type：［Complex float32，Complex int16，VITA word32］，输出类型，此参数控制 GNU Radio 中输出流的数据类型。

Wire Format：［Automatic，Complex int16，Complex int12，Complex int8］，线材格式，此参数控制总线/网络上的数据形式，复杂字节可用于权衡带宽的精度，并非所有设备都支持所有格式。

Stream args：流参数要在 UHD streamer 对象中传递的可选参数。Streamer args 是键/值对的列表；使用情况由实现决定。

Stream Channels：流通道，可选地用于指定使用哪些通道，如 [0，1]。

Devices Address：设备地址是一个带分隔符的字符串，用于在系统上定位 UHD 设备，如果留空，将使用找到的第一个 UHD 设备，使用设备地址指定特定设备或设备列表。

Device Arguments：设备参数，可以传递给 Digitech RF 源的其他各种参数。

Sync：同步可用于让 Digitech RF 尝试同步到 PC 的时钟或 PPS 信号（如果存在）。

Start Time（seconds）：−1，0。

Clock Rate [Hz]：时钟频率 [Hz]，时钟速率不应与采样速率混淆，但它们是相关的 B2X0 和 E31X USRP 使用灵活的时钟速率，该时钟速率等于请求的采样率或采样率的倍数。除非需要特定行为，否则最好保留默认值。

Num Mboards：数量 Mboards，选择此设备配置中的 USRP 主板（即物理 USRP 设备）的数量。

Mbx Clock Source：MBX 时钟源，主板应在哪里同步其时钟参考。外部是指 USRP 上的 10 MHz 输入。O/B GPSDO 是可选的板载 GPSDO 模块，可提供自己的 10 MHz（和 PPS）信号。

Mbx Time Source：Mbx 时间源，主板应在哪里同步其时间参考，外部是指 USRP 上的 PPS 输入，O/B GPSDO 是可选的板载 GPSDO 模块，它提供自己的 PPS（和 10 MHz）信号。

Mbx Subdev Spec：Mbx 子开发规范，每个主板都应该有自己的子设备规格，所有子设备规格都应该是相同的长度，使用标记字符串为每个通道选择一个或多个子设备。标记字符串由 dboard_slot：subdev_name 对（每个通道一对）的列表组成。如果留空应用说明。单通道示例："：AB"。

Num Channels：通道数，选择此多 USRP 配置中的通道总数。例如：4 个主板，每个主板 2 个通道，总共 8 个通道。

Sample Rate：采样率，每秒的样本数，等于我们希望观察到的带宽（以 Hz 为单位），UHD 设备驱动程序将尽力匹配请求的采样率，如果请求的速率不可行，UHD 块将在运行时打印错误。

Ch0：Center Freq（Hz）：Chx 中心频率，中心频率是射频链的总频率。基本选项是以 Hz 为单位输入 int 或 float 值。但是，也可以传递一个 tune_request 对象，以便更好地控制驱动器如何调整 RF 链中的元件。

Ch0：AGC：[Default，Enabled，Disabled]。

Chx Gain Value：Chx 增益值，用于增益的值，当使用默认的"绝对"增益类型时，该值介于 0 和 USRP 的最大增益之间（通常在 70 到 90 左右）。使用"归一化"增益类型时，它始终为 0.0 到 1.0，其中 1.0 将映射到正在使用的 Digitech RF 的最大增益。

Chx Gain Type：Chx 增益类型，绝对值（以 dB 为单位）或归一化（0 到 1）。

Chx Antenna：Chx 天线，对于只有一个天线的子设备，可以将其留空，否则用户应指定可能的天线选择之一，有关可能的天线选择，请参阅子板应用说明。

Chx Bandwidth：Chx 带宽，USRP 的抗锯齿滤波器使用的带宽，若要使用默认带宽筛选器设置，此值应为零，只有某些子设备具有可配置的带宽过滤器，有关可能的配置，请参阅子板应用说明。

Chx Enable DC Offset Correction：Chx 使能直流失调校正，尝试消除直流偏移，即信号的平均值，这在频域中非常明显。

Chx Enable IQ Imbalance Correction：Chx 启用 IQ 不平衡校正，尝试纠正任何 IQ 不平衡，即 I 和 Q 信号路径之间不匹配，通常会导致星座的拉伸效应。

（5）"Signal Source"模块：数值为 center_freq-channel_freq 的余弦波来与 UHD：USRP Source 模块的输出相乘，进行频谱搬移。

参数：

Output Type：[complex，float，int，short，byte]。

Sample Rate：采样率（默认值：samp_rate），采样率（fs）是一秒钟内获得的平均样本数。其单位是每秒采样数或赫兹，如 48 000 采样率为 48 kHz。

Waveform：[Constant，Sine，Cosine，Square，Triangle，Saw Tooth]，波形。

Frequency：波形频率（默认：1000）。

Amplitude：输出幅度（默认：1）。

Offset：从零开始的偏移量（默认值：0）。

Initial Phase（Radians）：初始阶段（弧度）（默认值：0）。

Show Msg Ports：[No，Yes]。

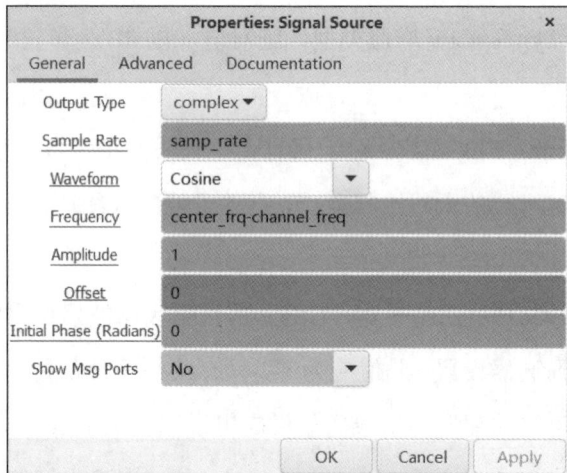

（6）"QT GUI Frequency Sink"模块：将输入信号的频谱显示在 GUI 窗口中。它使用 QT 框架创建交互式图形界面，并绘制输入信号的频谱。该模块支持设置中心频率、带宽以及可视化样式等参数。可以直观地查看输入信号的频谱，并在 GUI 界面上进行互动。可以调整中心频率和带宽，选择合适的显示样式，以满足特定需求。

参数：

Type 类型：〔Complex，Float，Complex Message，Float Message〕。

Name：名称，地块的标题。

FFT Size：〔32，64，128，256，512，1024，2048，4096，8192，16384，32768〕，FFT 尺寸。

要计算和显示的 FFT 的大小。如果使用 PDU 消息端口绘制样本，则每个 PDU 的长度必须是 FFT 大小的倍数（默认值：1024）。

Spectrum Width：频谱宽度（如果 Float 输入）：〔Full，Half〕。

Window Type：〔Blackman-harris，Hamming，Hann，Blackman，Rectangular，Kaiser，Flat-top〕（默认值：window.WIN_BLACKMAN_hARRIS），窗口类型。

Normalize Window Power：〔True，False〕，规范化窗口电源。

Center Frequency：中心频率（仅用于 X 轴标签）。

Bandwidth：带宽（用于设置 x 轴标签）（默认值：samp_rate）。

Grid：〔Yes，No〕，网格。

Autoscale：〔Yes，No〕，自动缩放。

Average：〔None，Low，Medium，High〕，平均。

Y min：最小（默认值：−140）。

Y max：最大（默认值：10）。

Y label：标签（默认值："Relative Gain"）。

Y units：单位（默认值："dB"）。

Number of Inputs：输入数量（默认值：1）。

Update Period：更新周期（默认值：0.10）。

Show Msg Ports：〔Yes，No〕，显示消息端口。

GUI Hint：提示。

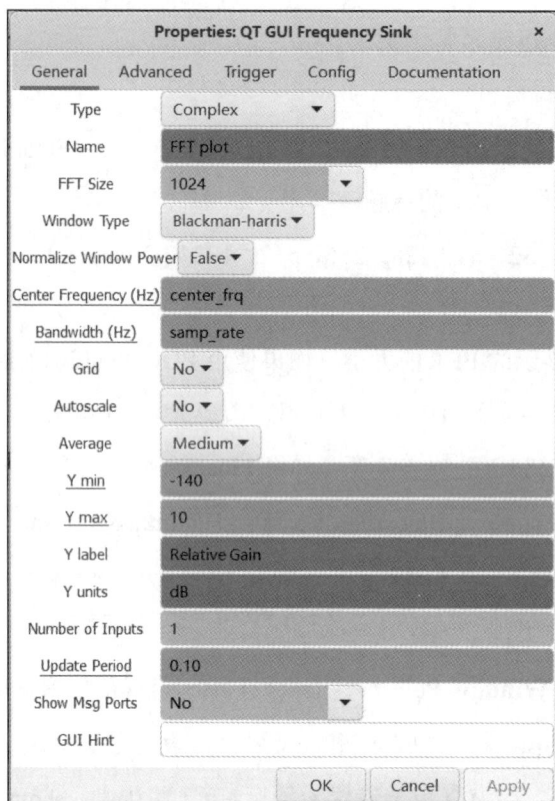

（7）"Multiply"模块：用于信号处理任务中，如数字调制、滤波、混频等。它可以对两个信号进行乘法运算，对信号的幅度和相位产生影响。这对于信号处理和通信系统的操作非常重要，终止频率设置为 75 kHz，过渡带宽为 25 kHz，Decimation 抽取值为 50，经过此模块后的采样率由 10 MHz 变为了 200 kHz。

参数：

FIR Type 类型：指定输入/输出是实数还是复数。

Decimation：抽取，滤波器的抽取率，必须是整数，不能实时变化。

Gain：增益，应用于输出的比例因子。

Sample Rate：输入采样率。

Cutoff Freq：截止频率（Hz）。

Transition Width：阻带和通带之间的过渡宽度，单位为 Hz。

Window：要使用的窗口类型。

Beta：仅适用于 Kaiser 窗口。

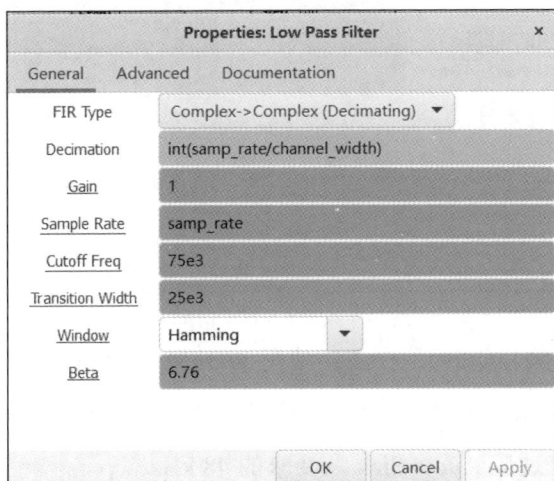

（8）"Rational Resampler"模块：继续调整采样率，以此来满足后续 Audio Sink 模块需要的 48 kHz 做准备。经过 Rational Resampler 模块作用，采样率变化过程为 200 kHz->200 k×12/5=480 kHz。

参数：

Type：［Complex->Complex（ComplexTypes），Complex->Complex（Real Types），Float->Complex（Complex Types），Float->Float（Real Types）］。

Interpolation：插值因子（整数>0）。

Decimation：抽取因子（整数>0）。

Taps：抽头，可选滤波系数（序列）。

Fractional BW：分数带宽，以（0，0.5）为单位的小数带宽，在最终频率（使用 0.4）（浮点）下测量。在 GNU Radio 3.8 中，默认值为 0，应将其更改为 0 和 0.5 之间的值；或者只是删除，删除分数带宽值将导致块使用默认值 0.4。

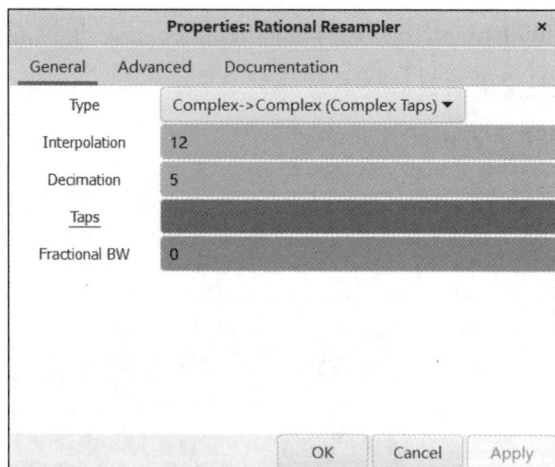

（9）"WBFM Receive"模块：使用 WBFM 接收模块来进行 WBFM 解调，其中 Audio Decimation 为 10，表示将采样率 480 kHz 要变为 480 k/10= 48 kHz，以此来适应 Audio Sink 所要求的 48 kHz。

参数：

Channel Rate：信道速率，复数基带输入的输入采样率（浮动）。

Audio Decimation：音频抽取，要减少多少信道速率才能获得音频（整数）。

Deviation：偏差，FM 调制偏差，标准 FM 广播使用 75 kHz。

Audio Pass：音频通行证，低通滤波器滚降频率。

Audio Stop：音频停止，低通滤波器截止频率。

Gain：音频增益。

Tau：预加重时间常数（浮点数），通常为 75e-6（美国）或 50e-6（欧洲）。

（10）"Multiple Const"模块：使用一个 Multiply Constant 模块来调节声音音量大小。这个数值的取值设定为一个可调节的变量 volume_gain（QT GUI Range）。

（11）"QT GUI Sink"模块（各种显示模块）：可实现对时域频域瀑布

图星座图的全面监测。

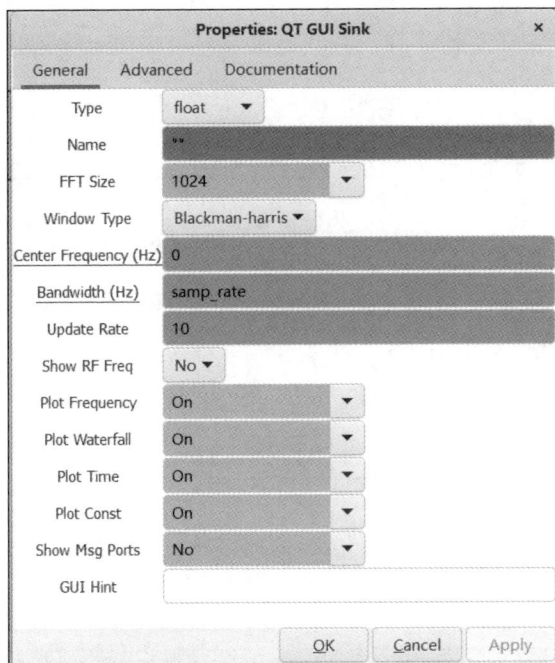

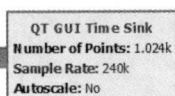

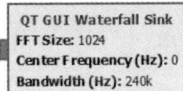

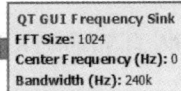

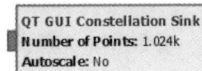

（12）"Audio Sink"模块：于 GNU Radio 流图中的最后一个模块，以将处理后的音频信号输出到扬声器、耳机或其他音频输出设备上。它支持多种音频格式和采样率，并具有灵活的配置选项，允许用户根据需求调整音频输出参数。

实验结果

运行该 GRC 程序后，用户可以通过调节 Channel Frequency 的值来找到自己所在位置的电台（波峰代表电台）。这里，在找 FM 电台的时候，有一个技巧，就是用户先通过 gqrx 来找到自己能听到的电台的频率值，然后再用这个程序来有针对性地调节 Channel Frequency，等找到电台后，如果有杂音的话，可以再慢慢微调 Center Frequency 和 Volume，此外，Volume 并不是越大越好，如果有杂音，戴上耳机寻找 FM 电台会更好一些。

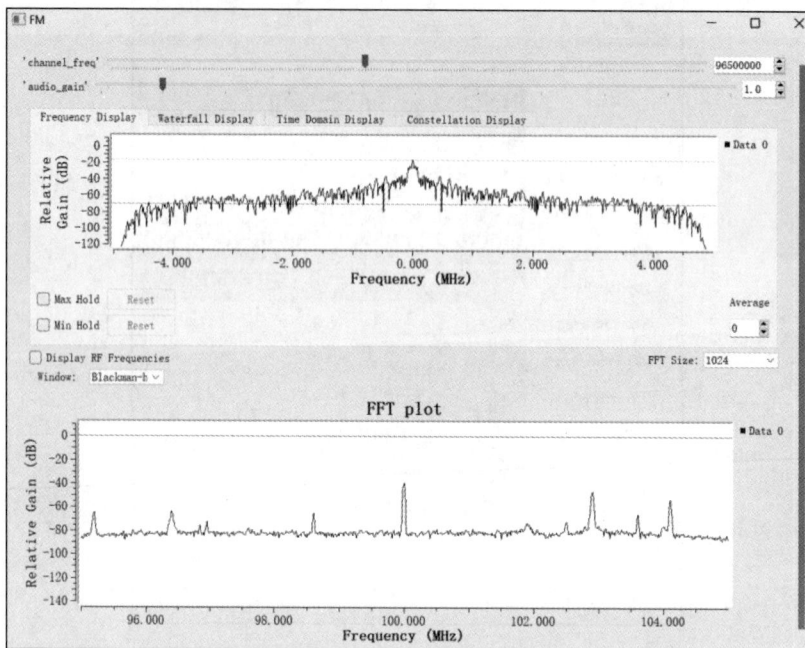

实验二　搭建 FM 自环的 GRC 程序

实验目的

搭建 FM 音频传递的自环 GNU Radio 程序的实验目的通常是为了帮助学生更好地理解和学习无线通信系统的工作原理。通过这样的实验，可以实际操作并观察 FM 调制解调的过程，进一步加深对调制解调技术的理解。同时，通过自环系统的搭建，可以模拟和实验信号传递过程中的一些问题，帮助学生学习解决实际通信系统中可能出现的挑战和故障。

此外，搭建 FM 音频传递的自环 GNU Radio 程序也可以作为无线通信技术研究和开发的起点，为进一步学习和探索无线通信系统提供基础。这样的实验还可以培养学生的实践操作能力，加强学生对软件定义无线电平台的应用能力。

62

实验原理

实验流程

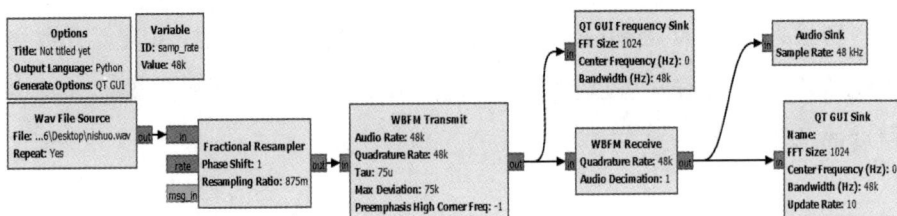

模块介绍

Wav File Source：指定要读取的 WAV 文件的路径，并设置相关参数，如采样率、数据类型等。

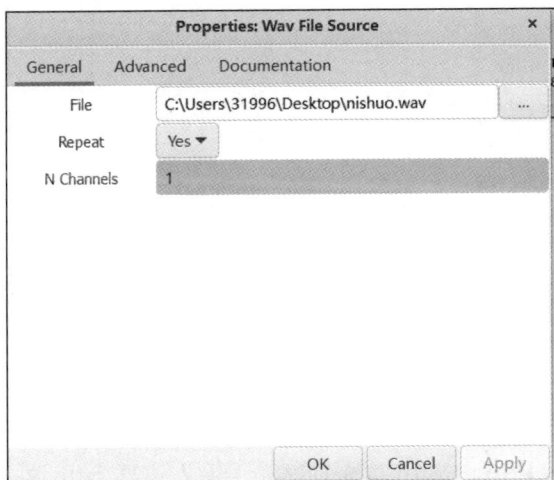

参数：

File：文件的路径。要读取的 WAV 文件。

Repeat：到达结尾时重复播放文件。

N Channels：要输出的音频通道数量。

Fractional Resampler：使用幅度-相位响应（APF）过滤器来实现样本率转换。幅度-相位响应过滤器可以通过改变滤波器的参数实现对输入信号的采样率进行调整。输入是来自另一个 GNU Radio 模块的数据流，它可以连接到各种类型的输入模块，如 USRP、WAV 文件、网络流等。模块输出的数据流的样本率与输出参数相匹配。除了支持普通的整数采样率转换之外，Fractional Resampler 模块还支持对输出采样率进行分数倍率调整。这意味着它可以实现精确的采样率转换，从而更有效地处理高精度的信号。

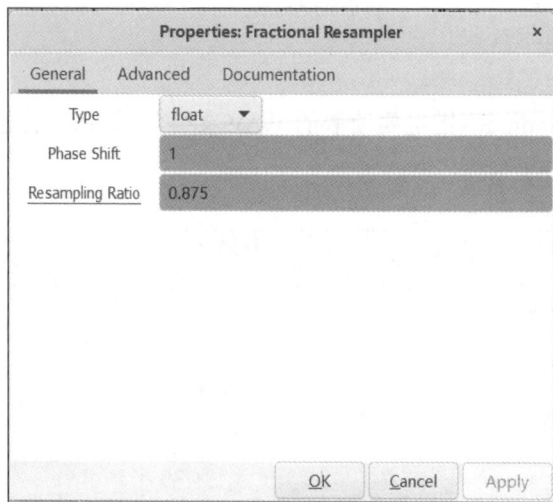

参数：

Phase Shift：类型：真实。

Resampling Ratio（R）：重采样率是（输入速率/输出速率）的分数（类型：真实）。

WBFM Transmit：模块，可以将音频输入连接到流图，对音频信号进行采样和处理，然后将调制后的 FM 信号发送出去，以便在调频广播接收器中接收和解码。

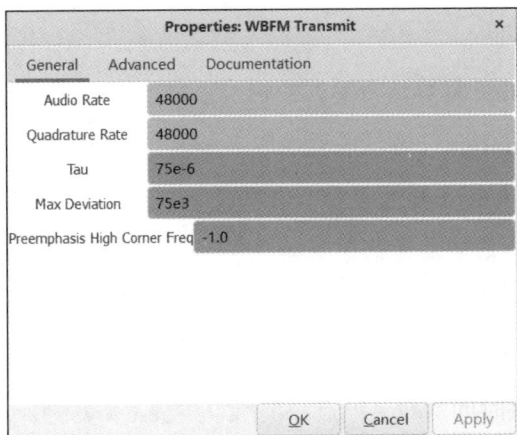

参数：

Audio Rate：音频流的采样率，≥16 k（整数）。

Quadrature Rate：输出流的采样率（整数），必须是 audio_rate 的整数倍。

Tau：预加重时间常数（默认 75e-6）（浮点型）。

Max Deviation：以赫兹为单位的最大偏差（默认为 75e-3）（浮点型）。

Preemphasis High Corner Freq：平坦预加重的高频率；<0 表示默认值为 0.925*quad_rate/2.0（浮点型）。

WBFM Receive：用于接收调频广播电台等调频调制信号，并将其解调成音频信号进行输出。

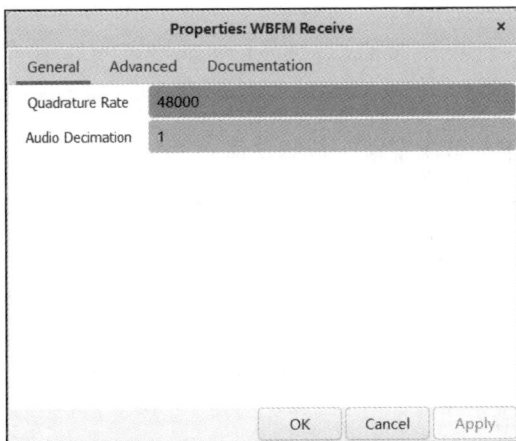

参数：

Channel Rate： 复数基带输入的输入采样速率（浮动）。

Audio Decimation： 音频需要抽取多少信道速率（整数）。

Deviation： 音频需要抽取多少信道速率（整数）。

Audio Pass： 低通滤波器滚降频率。

Audio Stop： 低通滤波器截止频率。

Gain： 声频增益。

Tau： 预加重时间常数（浮点）-通常为 75e-6（美国）或 50e-6（欧洲）。

Audio Sink： 于 GNU Radio 流图中的最后一个模块，以将处理后的音频信号输出到扬声器、耳机或其他音频输出设备上。它支持多种音频格式和采样率，并具有灵活的配置选项，允许用户根据需求调整音频输出参数。

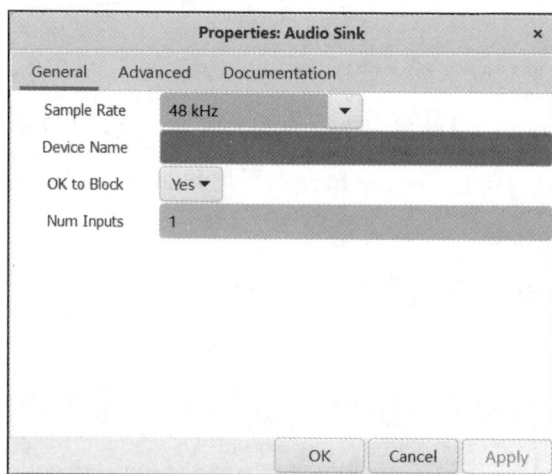

QT GUI Sink： 可实现对时域频域瀑布图星座图的全面监测。

QT GUI Frequency Sink： 将输入信号的频谱显示在 GUI 窗口中。它使用 Qt 框架创建交互式图形界面，并绘制输入信号的频谱。该模块支持设置中心频率、带宽以及可视化样式等参数。可以直观地查看输入信号的频谱，并在 GUI 界面上进行互动。可以调整中心频率和带宽，选择合适的显示样式，以满足特定需求。

实验结果

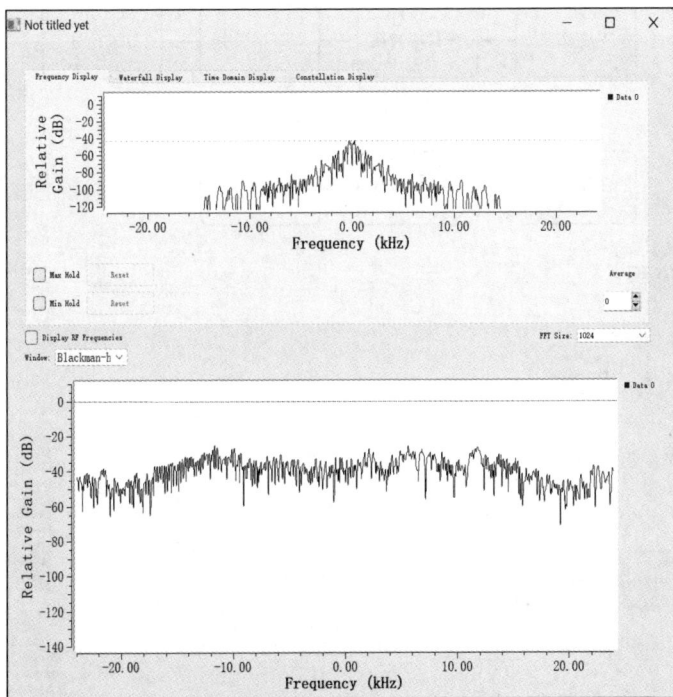

启动自环回路，可以从电脑喇叭中听到音乐。

实验三　搭建 FM 音频互传的 GRC 程序（UDP）

实验目的

搭建 FM 音频互传的 GNU Radio 程序的实验目的通常是实现实时双向音频通信的功能，并通过这样的实验来帮助学生深入理解和掌握无线通信系统的原理和操作。通过搭建 FM 音频互传程序实验，可以实际操作并观察 FM 调制解调以及双向通信过程中的信号处理流程，从而加深对通信系统工作原理的理解。通过实际操控程序并搭建 FM 音频互传的 GNU Radio 程序的实验，观察通信效果，旨在帮助学生通过实践加深对通信原理的理解，提高在无线通信系统设计和开发方面的技能。

实验原理

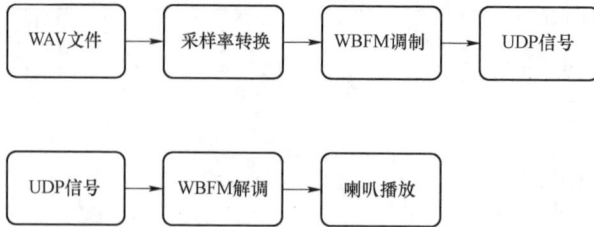

实验流程

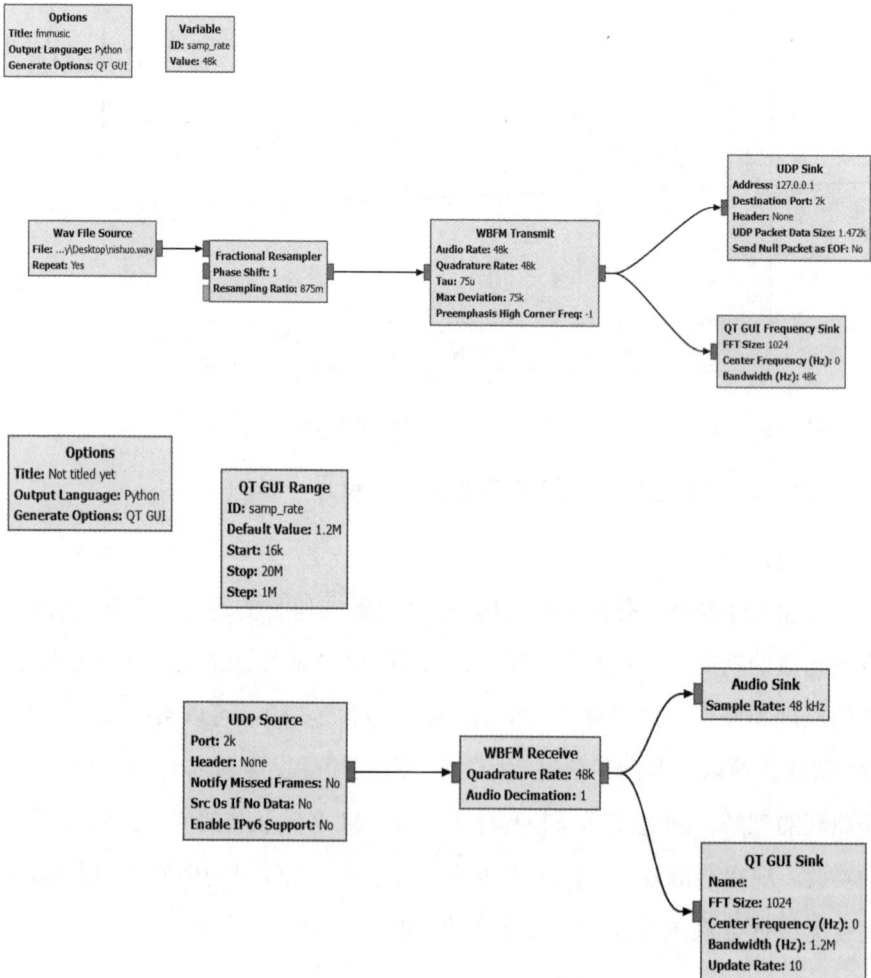

此处为使用 udp 模块时的通用提示，后文不再赘述。

使用 udp 时请注意保持计算机防火墙关闭，不然无法访问信息。

默认 address 为计算机本机地址 127.0.0.1。

若想实现 udp 传输到另一台计算机请参考以下步骤：

（1）在控制面板命令行中输入 ipconfig 获取 ipv4 地址（要传到的另一台计算机）。

（2）随后将 ipv4 地址输入 address 中即可（注意保持防火墙关闭）。

udp 默认存在网络误包和误差，本实验系统设计本意为面向实际通信信道而非网络协议，故 udp 仅供测试参考，相较于自环和 usrp 会发现存在较大的噪声。

在进行 udp 传输后可通过 wireshark 软件监测 udp 包的传输情况。

（1）选择监测网络。

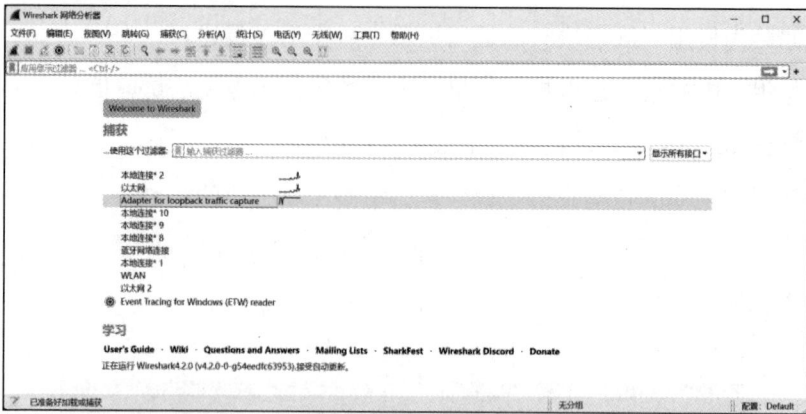

（2）输入端口信息（与 udp 传输中设置的 port 相一致，如此处为 2000），筛选包。

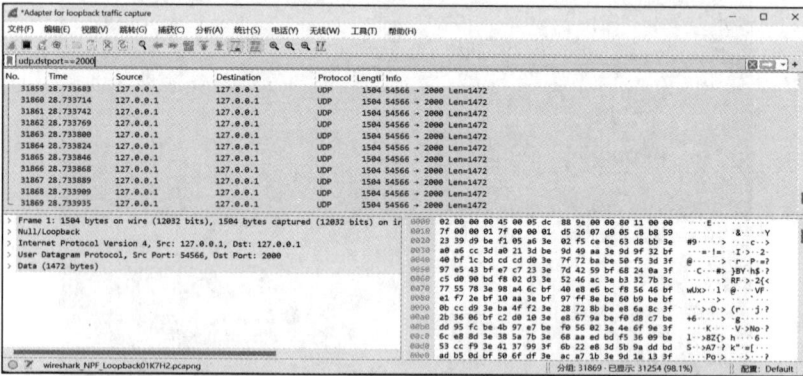

（3）观察抓包结果。

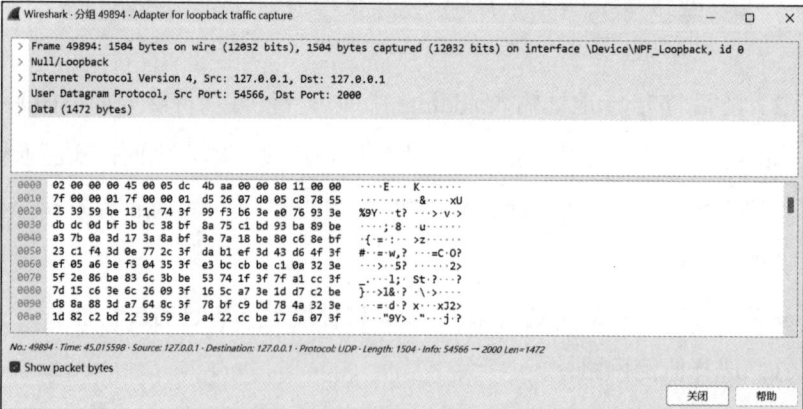

模块介绍

（1）"Wav File Source"模块：指定要读取的 WAV 文件的路径，并设置相关参数，如采样率、数据类型等。

（2）"Fractional Resampler"模块：使用幅度-相位响应（APF）过滤器来实现样本率转换。幅度-相位响应过滤器可以通过改变滤波器的参数实现对输入信号的采样率进行调整。输入是来自另一个 GNU Radio 模块的数据流，它可以连接到各种类型的输入模块，如 USRP、WAV 文件、网络流等。模块输出的数据流的样本率与输出参数相匹配。除了支持普通的整数采样率转换之外，Fractional Resampler 模块还支持对输出采样率进行分数倍率调整。这意味着它可以实现精确的采样率转换，从而更有效地处理高精度的信号。

（3）"WBFM Transmit"模块：可以将音频输入连接到流图，对音频信号进行采样和处理，然后将调制后的 FM 信号发送出去，以便在调频广播接收器中接收和解码。

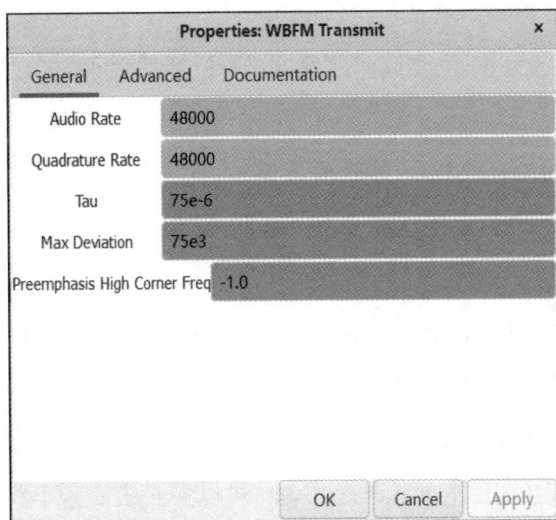

```
Properties: WBFM Transmit                              ×

General    Advanced    Documentation

Audio Rate              48000
Quadrature Rate         48000
Tau                     75e-6
Max Deviation           75e3
Preemphasis High Corner Freq  -1.0


                              OK      Cancel      Apply
```

（4）"UDP Sink"模块：UDP 信号，其中采样率设置为变量 samp_rate。

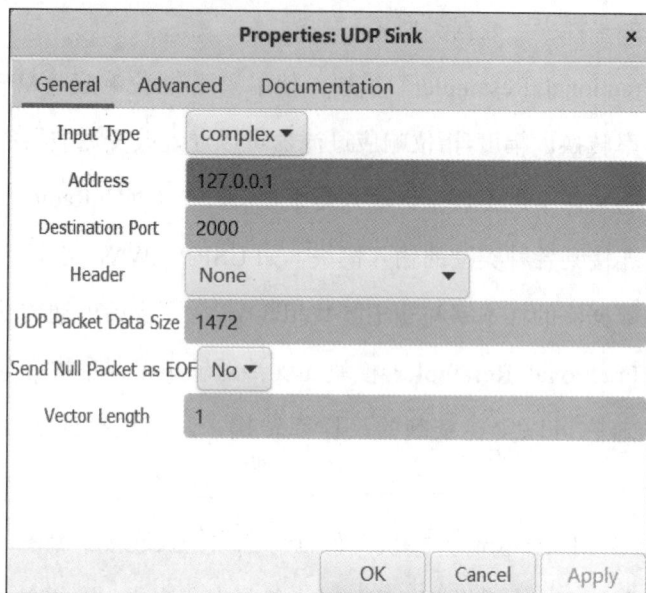

参数：

Address：IP 地址；默认值：127.0.0.1（本地主机）。

Destination Port：默认值：2000 年。

Header：[无，64 位序列号，序列+16 位数据大小，CHDR（64 位）]，选项。

UDP Packet Data Size：默认值：1472。

Send Null Packet as EOF：[否，是]，选项。

Vec Length：向量长度；默认值：1。

（5）"QT GUI Frequency Sink"模块：将输入信号的频谱显示在 GUI 窗口中。它使用 Qt 框架创建交互式图形界面，并绘制输入信号的频谱。该模块支持设置中心频率、带宽以及可视化样式等参数。可以直观地查看输入信号的频谱，并在 GUI 界面上进行互动。可以调整中心频率和带宽，选择合适的显示样式，以满足特定需求。

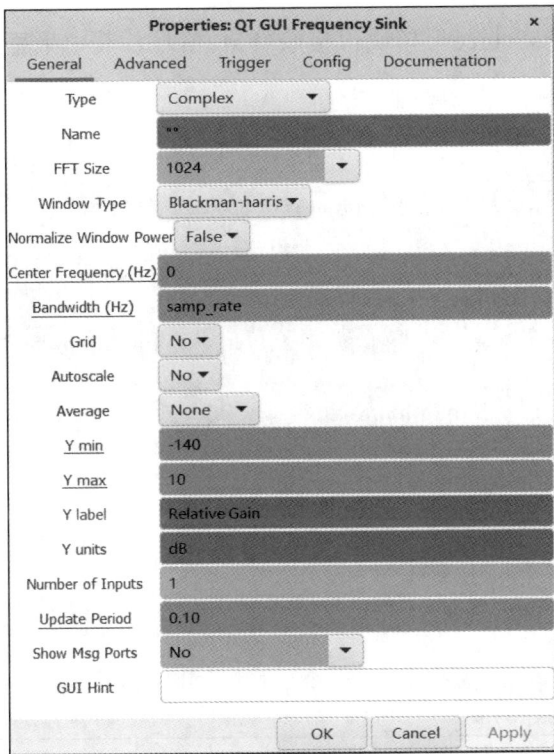

实验结果

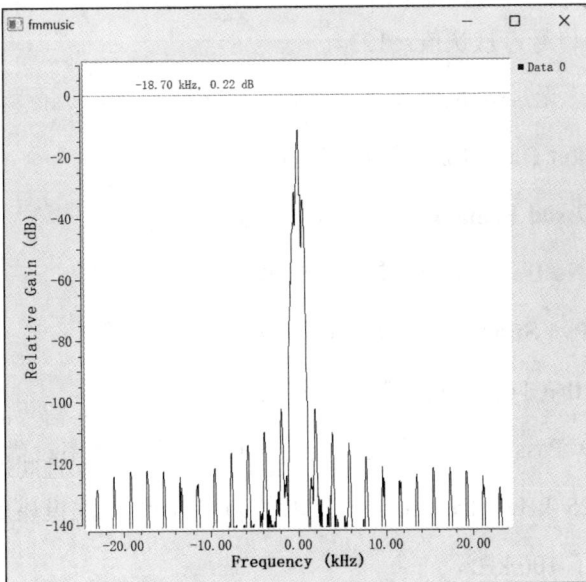

（1）"UDP Source"模块：接收 FM 信号，其中采样率设置为变量 samp_rate。

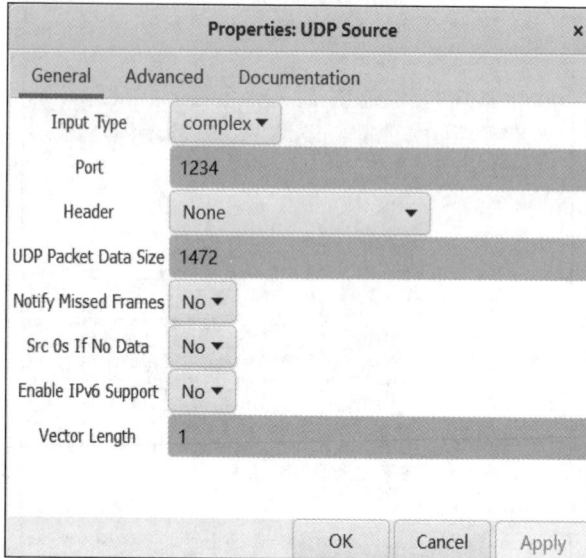

参数：

Port：端口号；默认值：1234。

Header：［无，64 位序列号，序列+16 位数据大小，ata 标头］，选项。

UDP Packet Data Size：默认值：1472。

Notify Missed Frames：［否，是］，选项。

Src 0s If No Data：［否，是］，选项。

Enable IPv6 Support：［否，是］，选项。

Vec Length：向量长度；默认值：1。

（2）"Low Pass Filter"模块：低通滤波器的截止频率设置为 100 kHz，过渡带宽为 25 kHz，Decimation 抽取值为 50，经过此模块后的采样率由 20 MHz 变为了 100 kHz。

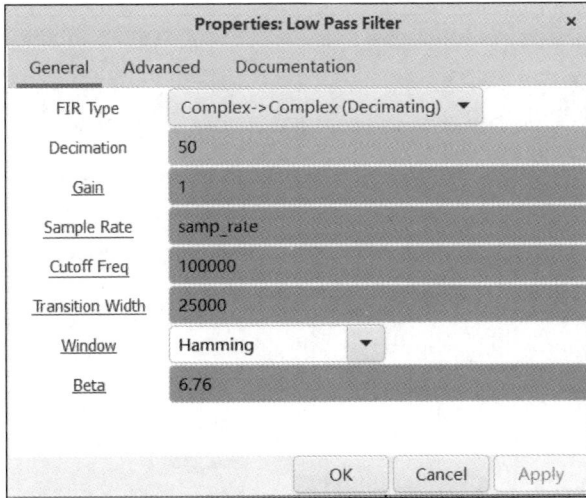

（3）"Properties：WBFM Receive"模块：用于接收调频广播电台等调频调制信号，并将其解调成音频信号进行输出。

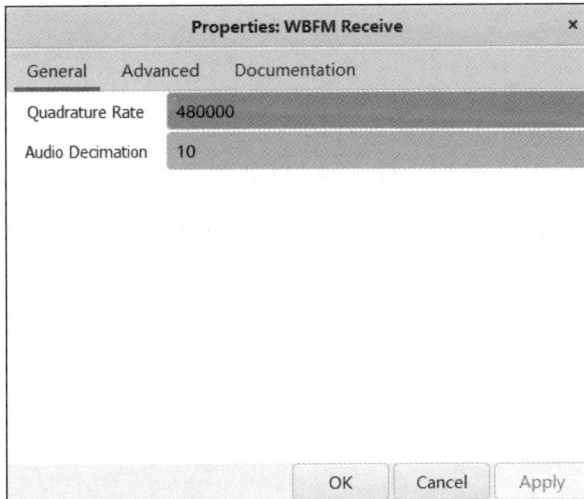

实验结果

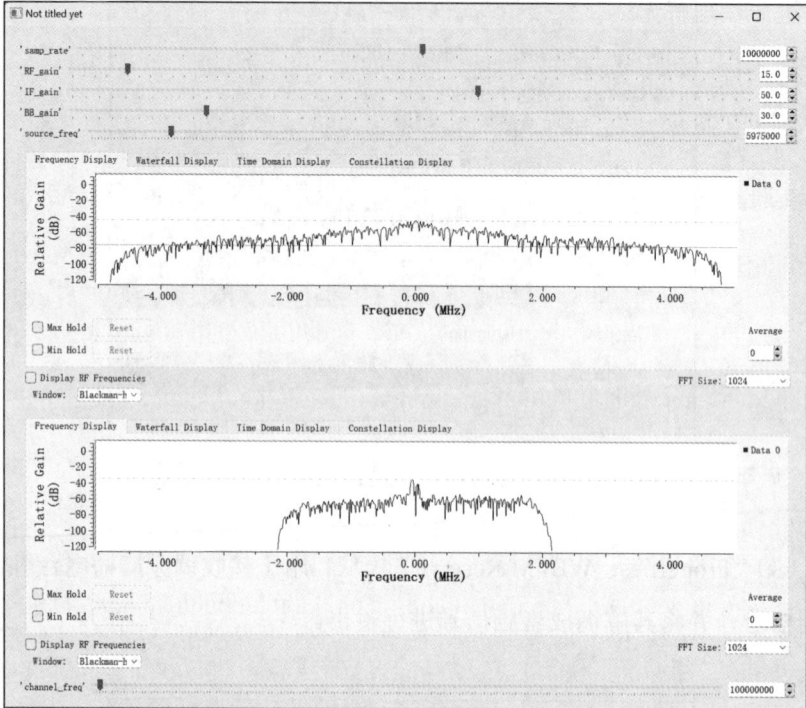

测试程序

用户可以直接在 GRC 中工具栏找到编译（或执行按钮），来编译生成 python 脚本（或运行程序）。先运行 FM 接收器流图，然后再运行 FM 发射器流图，就可以通过电脑的扬声器听到自己发的音频。如果听到噪声较大，可以尝试将天线拉近，或者更改频段，调整增益，有可能是此频段已被占用而受到别的音频干扰。

实验四　搭建 FM 音频互传的 GRC 程序（Digitech RF）

实验目的

通过搭建 FM 音频互传的 GRC 程序，可以深入理解 FM 调制和解调的原理。通过调整载波频率、音频输入等参数，并观察输出结果，来实验验证 FM 调制和解调对音频信号的影响，让学生了解广播电台通信的基本原理。

FM 调制是常用的调制方式之一，了解 FM 调制的原理和应用可以帮助用户进一步理解无线电通信技术。通过搭建 FM 音频互传的 GRC 程序，可以模拟无线电通信环境，进一步学习无线电通信的相关知识。

1. FM 发射器

实验原理

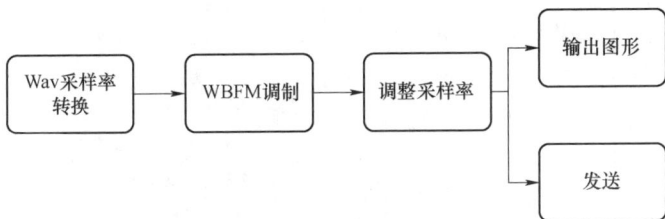

实验流程

按照下图搭建一个 FM 发射器流图。

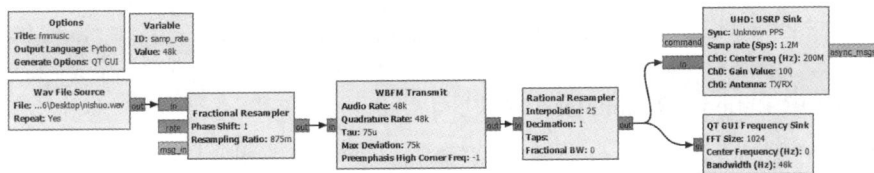

模块介绍

（1）"Wav File Source" 模块：指定要读取的 WAV 文件的路径，并设置相关参数，如采样率、数据类型等。

（2）"Fractional Resampler" 模块：使用幅度-相位响应（APF）过滤器来实现样本率转换。幅度-相位响应过滤器可以通过改变滤波器的参数实现对输入信号的采样率进行调整。输入是来自另一个 GNU Radio 模块的数据流，它可以连接到各种类型的输入模块，如 USRP、WAV 文件、网络流等。模块输出的数据流的样本率与输出参数相匹配。除了支持普通的整数采样率转换之外，Fractional Resampler 模块还支持对输出采样率进行分数倍率调整。这意味着它可以实现精确的采样率转换，从而更有效地处理高精度的信号。

（3）"WBFM Transmit"模块：可以将音频输入连接到流图，对音频信号进行采样和处理，然后将调制后的 FM 信号发送出去，以便在调频广播接收器中接收和解码。

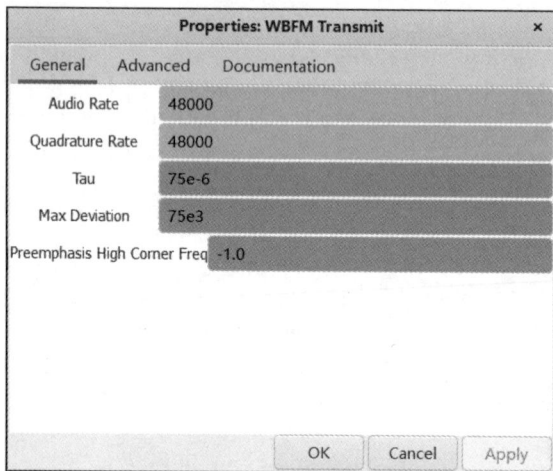

（4）"Rational Rasampler"模块。

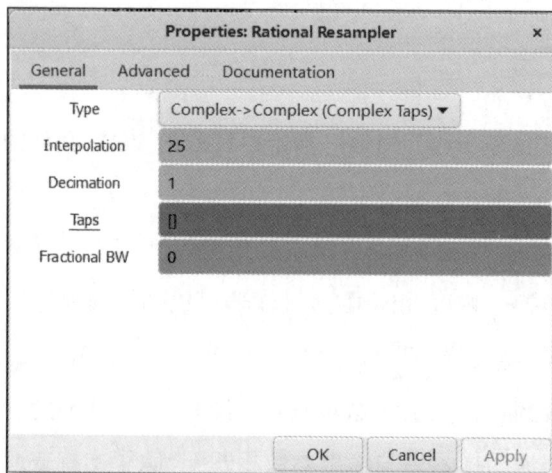

参数：

Interpolation：插值因子（整数＞0）。

Decimation：抽取系数（整数＞0）。

Taps（R）：可选滤波器系数（序列）。

Fractional BW：$(0, 0.5)$中的分数带宽，在最终频率下测量（使用 0.4）（浮点）。在 GNU Radio 3.8 中，默认值为 0，应该将其更改为 0 到 0.5 之间的值；或者被拿走了。移除分数带宽的值将导致块使用默认值 0.4。

（5）"USRP Sink"模块。

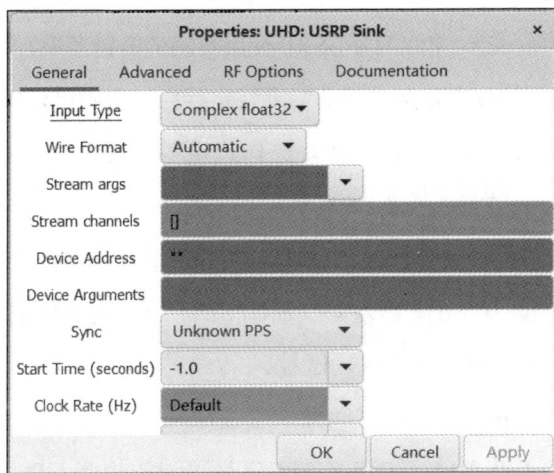

参数：

Input Type：［Complex float32，Complex int16，VITA word32］，输出类型，此参数控制 GNU Radio 中输出流的数据类型。

Wire Format：［Automatic，Complex int16，Complex int12，Complex int8］，线材格式，此参数控制总线/网络上的数据形式，复杂字节可用于权衡带宽的精度，并非所有设备都支持所有格式。

Ss：流参数 tream arg 要在 UHD streamer 对象中传递的可选参数，Streamer args 是键/值对的列表；使用情况由实现决定。

Stream channels：流通道，可选地用于指定使用哪些通道，如［0，1］。

Device Address：设备地址是一个带分隔符的字符串，用于在系统上定位 UHD 设备。如果留空，将使用找到的第一个 UHD 设备，使用设备地址指定特定设备或设备列表。

Device Arguments：设备参数，可以传递给 USRP 源的其他各种参数。

Sync：同步可用于让 USRP 尝试同步到 PC 的时钟或 PPS 信号（如果存在）。

Start Time（seconds）：−1，0。

Clock Rate（Hz）：时钟频率［Hz］，时钟速率不应与采样速率混淆，但它们是相关的，B2X0 和 E31X USRP 使用灵活的时钟速率，该时钟速率等于请求的采样率或采样率的倍数，除非需要特定行为，否则最好保留默认值。

Num Mboards：数量 Mboards，选择此设备配置中的 USRP 主板（即物理 USRP 设备）的数量。

Mbx Clock Source：MBX 时钟源，主板应在哪里同步其时钟参考。外部是指 USRP 上的 10 MHz 输入。O/B GPSDO 是可选的板载 GPSDO 模块，可提供自己的 10 MHz（和 PPS）信号。

Mbx Time Source：Mbx 时间源，主板应在哪里同步其时间参考。外部是指 USRP 上的 PPS 输入，O/B GPSDO 是可选的板载 GPSDO 模块，它提供自己的 PPS（和 10 MHz）信号。

Mbx Subdev Spec：Mbx 子开发规范，每个主板都应该有自己的子设备规格，所有子设备规格都应该是相同的长度，使用标记字符串为每个通道选择一个或多个子设备。标记字符串由 **dboard_slot**：subdev_name 对（每个通道一对）的列表组成，如果留空，UHD 将尝试选择系统上的第一个子设，有关详细信息，请参阅应用说明。单通道示例："：AB"

Num Channels：通道数选择此多 USRP 配置中的通道总数。例如：4 个主板，每个主板 2 个通道=总共 8 个通道。

Sample Rate：采样率，每秒的样本数，等于我们希望观察到的带宽（以

Hz 为单位）。UHD 设备驱动程序将尽力匹配请求的采样率。如果请求的速率不可行，UHD 块将在运行时打印错误。

Ch0：Center Freq（Hz）：Chx 中心频率，中心频率是射频链的总频率，基本选项是以 Hz 为单位输入 int 或 float 值。但是，也可以传递一个 tune_request 对象，以便更好地控制驱动器如何调整 RF 链中的元件。

Ch0：AGC：[Default，Enabled，Disabled]。

Chx Gain Value：Chx 增益值，用于增益的值，当使用默认的"绝对"增益类型时，该值介于 0 和 USRP 的最大增益之间（通常在 70 到 90 左右）。使用"归一化"增益类型时，它始终为 0.0 到 1.0，其中 1.0 将映射到正在使用的 USRP 的最大增益。

Chx Gain Type：Chx 增益类型，绝对值（以 dB 为单位）或归一化（0 到 1）。

Chx Antenna：Chx 天线，对于只有一个天线的子设备，可以将其留空。否则，用户应指定可能的天线选择之一。有关可能的天线选择，请参阅子板应用说明。

Chx Bandwidth：Chx 带宽，USRP 的抗锯齿滤波器使用的带宽。若要使用默认带宽筛选器设置，此值应为零。只有某些子设备具有可配置的带宽过滤器。有关可能的配置，请参阅子板应用说明。

Chx Enable DC Offset Correction：Chx 使能直流失调校正，尝试消除直流偏移，即信号的平均值，这在频域中非常明显。

Chx Enable IQ Imbalance Correction：Chx 启用 IQ 不平衡校正，尝试纠正任何 IQ 不平衡，即 I 和 Q 信号路径之间不匹配，通常会导致星座的拉伸效应。

（6）"QT GUI Frequency Sink"模块：将输入信号的频谱显示在 GUI 窗口中。它使用 Qt 框架创建交互式图形界面，并绘制输入信号的频谱。该模块支持设置中心频率、带宽以及可视化样式等参数。可以直观地查看输入信号的频谱，并在 GUI 界面上进行互动。可以调整中心频率和带宽，选择合适的显示样式，以满足特定需求。

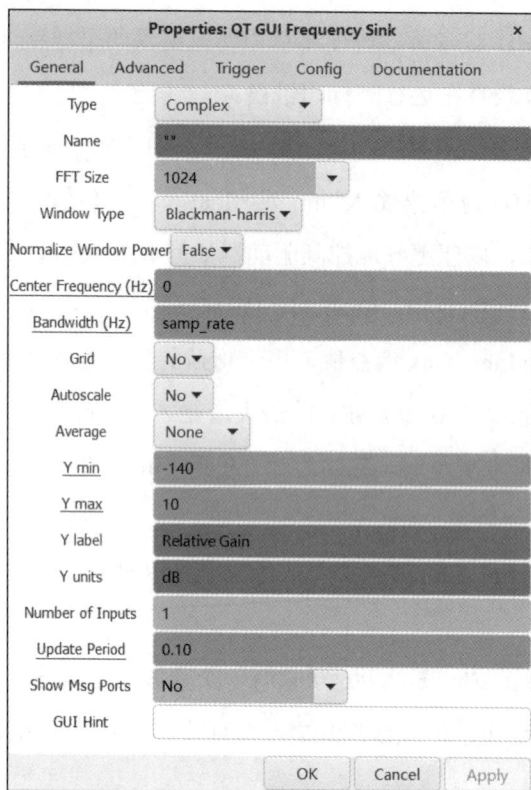

实验结果

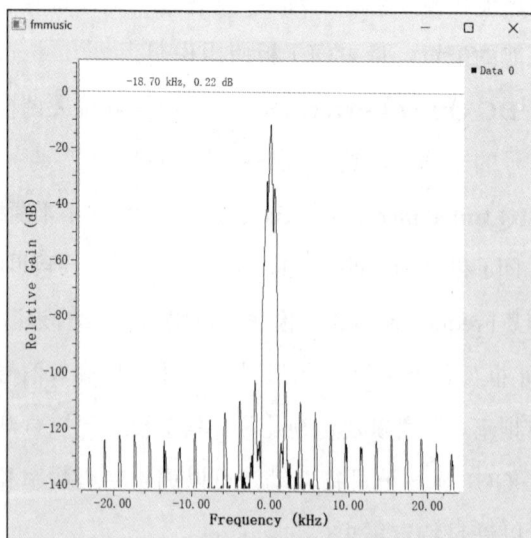

2. FM 接收器

实验原理

实验流程

按照下图，搭建一个 FM 接收器流图。

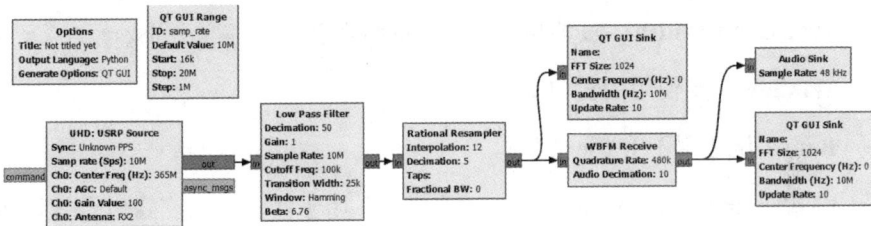

模块介绍

（1）"USRP Source"模块：接收 FM 信号，其中采样率设置为变量 samp_rate。

（2）"Low Pass Filter"模块：低通滤波器的截止频率设置为 100 kHz，过渡带宽为 25 kHz，Decimation 抽取值为 50，经过此模块后的采样率由 20 MHz 变为了 100 kHz。

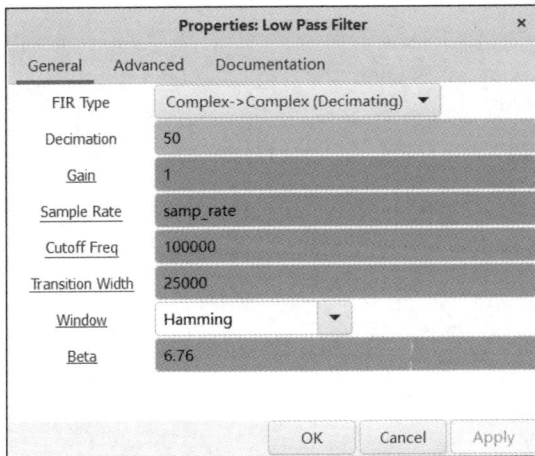

参数：

FIR Type：类型，指定输入/输出是实数还是复数。

Decimation：抽取，滤波器的抽取率，必须是整数，不能实时变化。

Gain：增益，应用于输出的比例因子。

Sample Rate：输入采样率。

Cutoff Freq：截止频率（Hz）。

Transition Width：阻带和通带之间的过渡宽度，单位为 Hz。

Window：要使用的窗口类型。

Beta：仅适用于 Kaiser 窗口。

（3）"Properties：WBFM Receive"模块：用于接收调频广播电台等调频调制信号，并将其解调成音频信号进行输出。

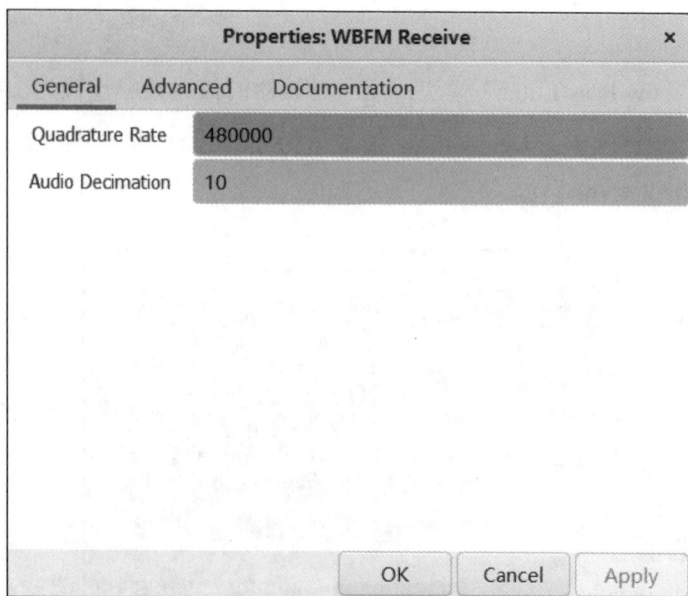

实验结果

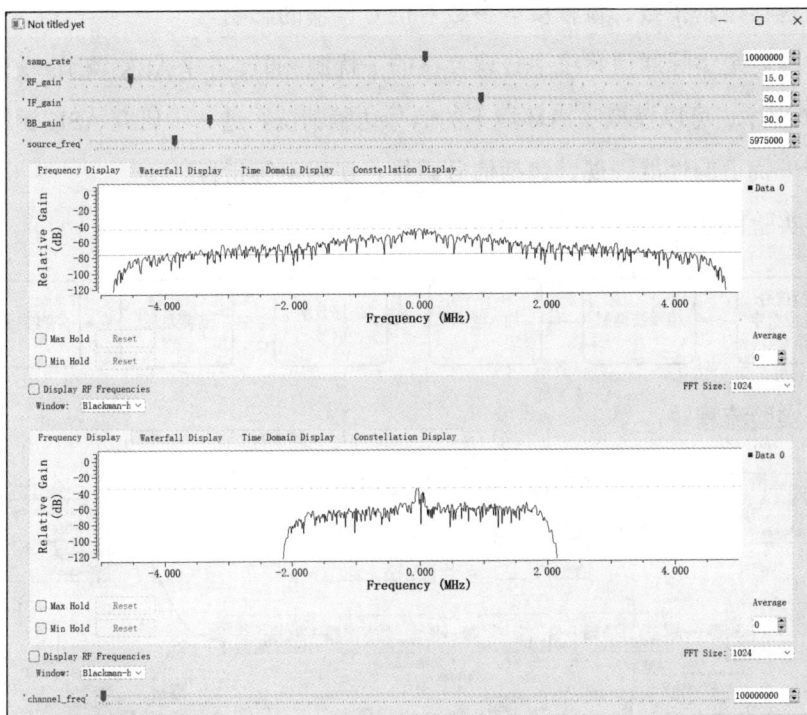

测试程序

用户可以直接在 GRC 中工具栏找到编译（或执行按钮），来编译生成 python 脚本（或运行程序）。先运行 FM 接收器流图，然后再运行 FM 发射器流图，就可以通过电脑的扬声器听到自己发的音频。如果听到噪声较大，可以尝试将天线拉近，或者更改频段，调整增益，有可能是此频段已被占用而受到别的音频干扰。

实验五　ASK 调制+噪声

实验目的

对 wav 信号进行 ASK 调制并加入高斯白噪声，通过实验加强学生对数字调制和噪声干扰的理解。

ASK 调制是一种调制方式，通过改变载波的幅度来传输数字或模拟信号。通过搭建 ASK 调制+噪声的 GRC 程序，可以深入理解 ASK 调制的原理，包括调制指数、调幅度等参数对信号传输的影响。

噪声是实际通信系统中普遍存在的干扰源。通过搭建 ASK 调制+噪声的 GRC 程序，可以模拟噪声环境下的信号传输情况，进一步研究 ASK 调制在噪声干扰下的性能表现，包括信号质量、误码率等指标。

实验原理

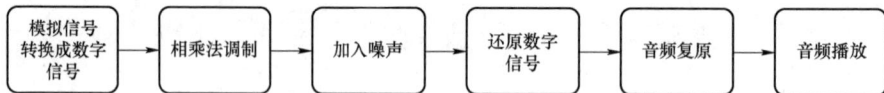

实验流程

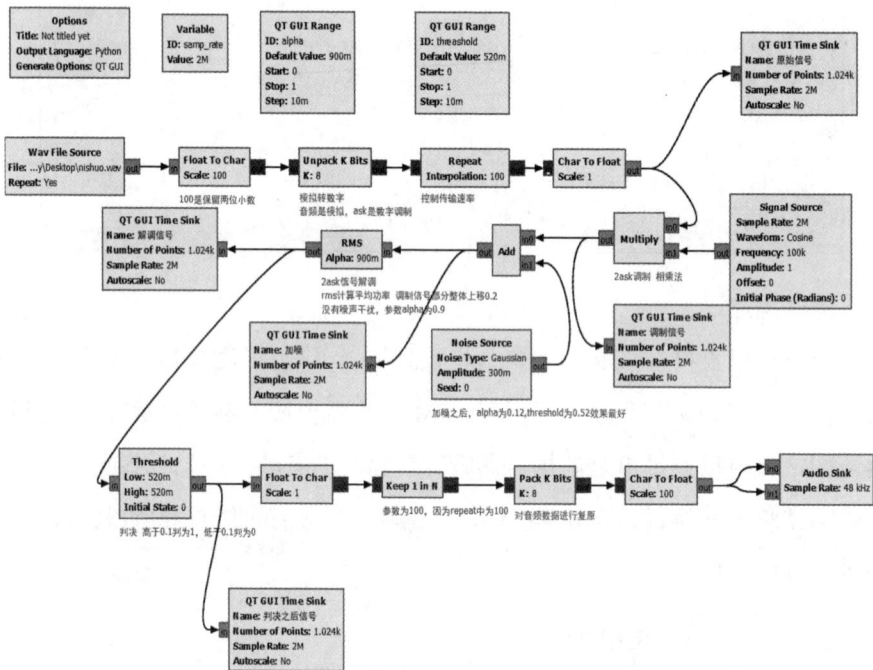

模块介绍

（1）"Float to Char"模块：Scale 参数要设置为 100，这是因为 Float 转为 Char 会忽略小数部分，造成失真，设为 100 可以保留两位小数，也可设置更大，但对于 char 类型没有太大意义。

（2）"Unpack K Bits"模块：unpack k bit 用于将 8 位字节拆成 bit。

（3）"Repeat"模块：用于控制传输速率。对模拟信号进行处理，转变成数字信号下一步进行 2ask 调制。

（4）"Multiply"模块：2ask 调制信号有相乘法和键控法两种生成方式，这里使用相乘法。使用 signal source 产生频率为 100 kHz 的余弦波，振幅为 1。

（5）"Noise Source"模块：加入噪声。

（6）"RMS"模块、"Threshold"模块：3ask 信号的解调使用了 RMS 模块、threashold 模块来组成包络检波，将调制信号中的数字信号还原出来。思路是先用 rms 计算平均功率，再用 threshold 进行判决。可以看出当 alpha 调成 0.9 时效果是比较好的，由于这里没有噪声干扰，alpha 参数可以设置得很大。然后使用 threshold 模块进行判决，threshold 模块的判决参数设置为 0.1，这里设为 0.1 的原因是因为上图中，经过 rms 计算后，调制信号部分整体上移约 0.2，这里设为 0.1，把高于 0.1 的判决为 1，低于 0.1 的判决为 0，这样就可以检波出原始信号了。如图所示，原始信号和解调信号一模一样。

（7）"Keep 1 in N"模块：由于我们的音频数据是处理过的，因此要进行复原，kepp1inN 的参数要设置为 100，因为刚刚 repeat 中参数设置的为 100，每个 bit 重复了 100 次。

（8）"Pack K Bits"模块：这个模块和 unpack k bit 是对应的。

实验结果

运行流程后可以从电脑播放音频。

调节包络检波参数，alpha 调节为 0.12，可以通过电脑扬声器监听到噪声的影响被抑制。

2.3 QPSK 数字调制通信系统设计与实现

2.3.1 QPSK 调制简介

2.3.1.1 调制方式

为了在有限带宽的高频信道中传输数字信号，必须进行载波调制。有三种基本的调制方式：幅移键控（ASK）、频移键控（FSK）和相移键控（PSK），它们利用载波（正弦波）的幅度、频率和相位传递数字基带信号，相当于模拟线性调制和角度调制的特殊情况。虽然理论上数字调制与模拟调制没有本质区别，都属于正弦波调制，但数字调制是调制数字型的正弦波，而模拟调制则是调制连续型的正弦波。在数字通信的三种调制方式（ASK、FSK、PSK）中，一般 PSK 系统表现最佳，因其在频带利用率和抗噪声性能（或功率利用率）方面的优势。因此，PSK 在中、高速数据传输中得到了广泛应用。

2.3.1.2 QPSK 正交相移键控

四相相移调制利用四种不同相位的载波表示数字信息，是四进制移相键控技术的一种。QPSK 是 $M=4$ 时的调相技术，其中规定了四种载波相位：45°、135°、225°、315°。输入的数据是二进制序列，需要将其转换为四进制，每两个比特分成一组，共四种组合：00、01、10、11，称为双比特码元，代表四进制中的一个符号。QPSK 每次传输两个信息比特，通过四种相位传递，解调器根据星座图和接收到的相位判断发送的信息比特。

数字调制用星座图描述信号分布和映射关系，规定了星座点与传输比特的对应关系。调制技术的特性由星座图完全描述。

输入的串行二进制信息序列通过串—并变换成并行数流，每路数据率为

R/m，其中 R 是串行输入码的数据率。I/Q 信号发生器将每个 m 比特的字节转换成一对数字，产生两路速率减半的序列。电平发生器产生双极性二电平信号 $I(t)$ 和 $Q(t)$，对 $\cos\omega_c t$ 和 $\sin\omega_c t$ 调制，相加得到 QPSK 信号。

2.3.2　实验

实验一　QPSK 自环

实验目的

搭建 QPSK 自环 GRC 程序的实验旨在帮助学习者深入理解数字通信原理，掌握 GNU Radio 工具的使用，以及实践信号处理技术和性能评估方法，从而为日后的通信系统设计和性能优化奠定基础。这种综合性的实验设计有助于学生全面提升在数字通信领域的技能和知识水平。

理解 QPSK 调制：通过搭建该程序，可以更深入地理解 QPSK 调制技术的原理和实现过程。QPSK 是一种常见的数字调制方式，在数字通信中应用广泛，因此理解其原理对于学习数字通信至关重要。在实验中，学习者将会了解到 QPSK 如何将数字比特流转换为连续的正交信号，并且如何在接收端进行解调还原出原始的比特流。通过对调制过程的深入理解，学习者可以更好地掌握数字通信系统的基本原理。

实践信号处理技术：搭建 QPSK 自环 GRC 程序可以帮助学习者实践信号处理技术，包括滤波、混频、解调等过程，加深对信号处理理论的理解。学习者将会亲自实践将接收到的信号进行滤波、混频到基带，并且进行解调以还原出原始的数字数据。这种实践性的学习方式有助于学生将理论知识与实际操作相结合，提高对信号处理技术的掌握能力。

性能评估：通过搭建自环系统，可以评估 QPSK 调制系统在不同条件下的性能，如信噪比、误码率等，从而进一步了解数字通信系统的性能限制和改进方向。学习者将有机会通过实验调整信号的参数、引入噪声等操作，观察系统性能的变化，并且探究性能改进的方法。这对于提高通信系统的可靠性和性能具有重要意义，也为学习者提供了实践解决实际问题的机会。

实验原理

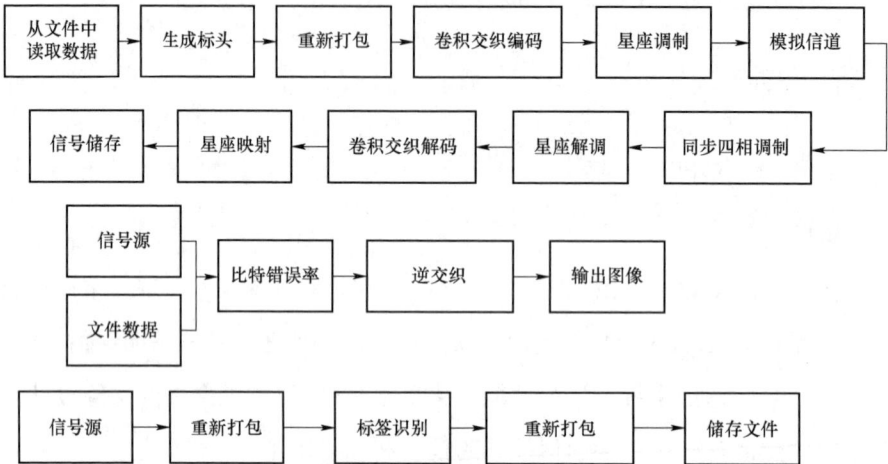

实验流程

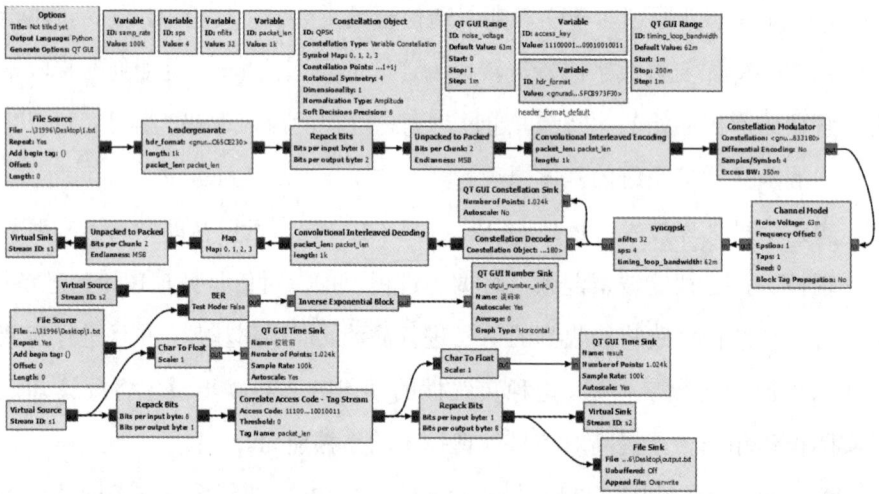

模块介绍

（1）"Variable"模块：提供了一些用于处理和管理变量的功能，它被广泛用于处理信号处理流图中的参数和状态变量。

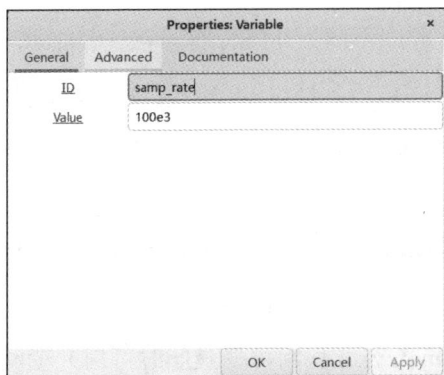

ID：变量名的 ID，使用它来引用其他块的字段中的变量。

Value（*R*）：值，该值可以实时更改。

（2）"Properties：Constellation Object"模块：用于定义和管理调制信号的星座图，包括点的位置、数量和标识。这些信息用于生成调制信号和解调接收到的信号。

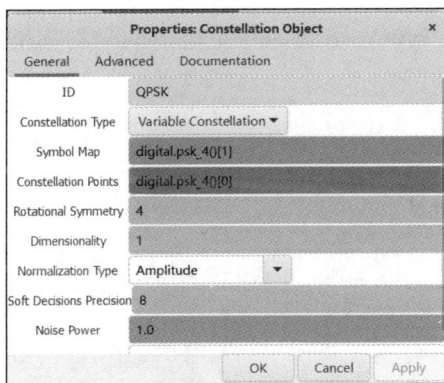

Constellation Type：调制方案的类型，选择可变星座进行更多控制。

Soft Decisions Precision：指定查找表（LUT）对给定位数的精确度。

Soft Decisions LUT：充当查找表（LUT）的浮点元组的向量，可以设置为"自动"以便 GNU Radio 填充它。

Symbol Map：（使用可变星座时可用）以列表形式手动指定符号映射（在预 diff 值中），对于 QPSK 手动定义的符号，符号从象限 1 开始，逆时针方向排列（标准值有时顺序不同）。8PSK 符号从（0.92，0.38）开始，并按 π/8 倍的无意义顺序进行：1、7、15、9、3、5、13、11。因此符号【0，1，2，3，4，5，6，7】从（0.92，0.38）开始逆时针方向变为 0，4，5，1，3，7，6，2。

Constellation Points：使用可变星座时可用）使用复数列表手动指定星座点。

Rotational Symmetry：（使用可变星座时可用）星座对称的每 360 度旋转数，对于普通星座为 4。这不会影响编码/解码，但允许单元测试和潜在的其他块知道解码是否适用于旋转星座。

Dimensionality：（使用可变星座时可用）维数，通常设置为 1。维数是每个符号的输入样本数，所有样本都应该接近星座点，也就是说，如果大于 1，则这些不应该是星座点之间平滑过渡的样本，而是事实上被视为符号选择的平均值。

Normalization Type：可选地将星座点的平均幅度或功率归一化到 1 附近。

（3）"File Source"模块：指定要读取的文件的路径，并设置相关参数，如采样率、数据类型等。

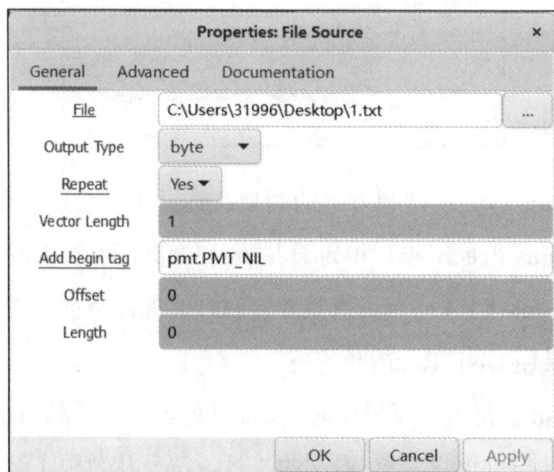

File（*R*）：二进制文件的文件名。注意：文件必须在本地计算机上，文件大小不得小于 8 字节，否则会出现以下错误："RuntimeError：文件太小"。

Output Type：因为二进制文件不存储关于其中数据类型的信息，所以我们必须告诉 GNU Radio 格式。

Repeat（*R*）：一旦到达文件末尾，是否重复信号。

Add Begin Tag（*R*）：要添加到流的第一个样本的标记的键，如果 Repeat 为 true，则为每个重复副本的第一个样本，提供的表达式必须创建 PMT。例如，PMT.intern（"example_key"）将创建一个表示字符串"example_key"的键。

Offset：在文件开头后开始偏移样本/项目。

Length：从 offset（offset+len）开始只读此数量的项目，将一直读取到文件结尾。

（4）"Repack Bits"模块（打包比特流）：将输入流中的位重新打包到输出流的位置上。此处将 8 个比特打包成一个字节。

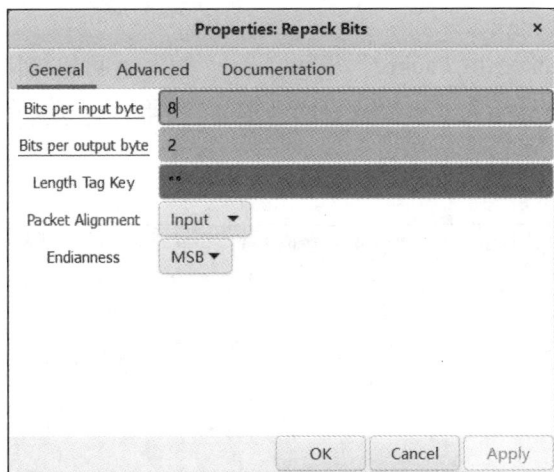

Bits per input byte（*k*）：输入流中的相关位数。

Bits per output byte（*l*）：输出流的相关位数。

Length Tag Key：如果不为空，这是长度标签的关键字。

Endianness：输出数据流的字节序（LSB 或 MSB）。

Pack Alignment：如果提供了长度标签键，这将控制输入或输出是否对齐。重新打包位对标记流进行操作。在这种情况下，当 $k*$ 输入长度不等于 $l*$ 输出长度时，可能会发生输入数据或输出数据不对齐的情况。在这种情况下，包对齐参数用于决定对齐哪个数据包。通常，包装对齐设置为拆包输入（$k=8$，$l<8$）和拆包输出。例如，假设用户正在发射 8 PSK，因此在调制器之前的发射端设置 $k=8$，$l=3$。现在假设用户正在传输一个字节的数据，传入标记流长度为 1，传出标记流长度为 3。然而，第三项实际上只携带 2 位相关数据，这些位与边界不对齐。所以您将 Pack Alignment 设置为 Input，因为输出可以不对齐。现在假设用户正在做相反的事情：将这三项打包成完整的字节。此时应如何解释这三个字节？如果没有此标志，用户将不得不假设其中有 9 个相关位，最终会得到 2 个字节的输出数据。但是在包装箱中，用户希望输出对齐；所有输出位必须是有用的。通过声明此标志，打包算法会尝试这样做，并且在这种情况下假设由于我们在 8 位后对齐，因此第 9 位可以被丢弃。

（5）"Unpacked to Packed"模块（差分编码）：可以将原始的未经差分编码的数据流转换为差分编码格式的数据流，用于在数字数据流中引入差分性，以提高数据传输的可靠性。

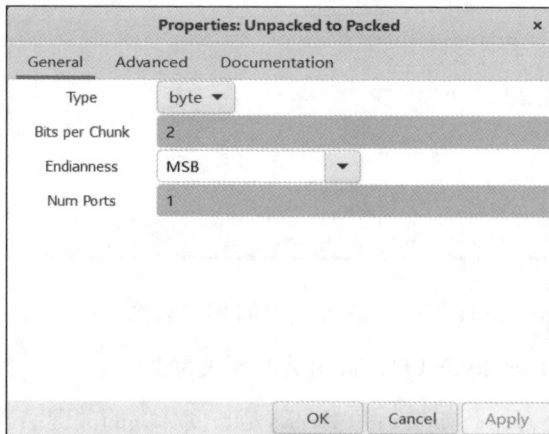

Bits per Chunk：要打包到每个组中的位数。

Endianness：最高或最低有效位优先。

Num Ports：要操作的输入流数量。

（6）"Constellation Modulator"模块：将数字数据流转换为基于星座图的调制信号。可以指定要使用的星座图、调制方式（如 BPSK、QPSK、16-QAM等）以及其他调制参数。该模块将输入的数字数据流映射到星座图上的符号点，并将其转换为相应的调制信号。

Constellation：决定了调制类型，在这里提供一个星座对象。

Samples per Symbol：每波特采样数≥2（整数）。

Differential Encoding：是否使用差分编码（布尔型）。

Excess BW：根升余弦（RRC）滤波器超额带宽（浮点）。

Verbose：打印关于调制器的信息（布尔型）。

Log：将调制数据记录到文件中（布尔型）。

（7）"Virtual Sink"模块：当需要丢弃或忽略一部分数据流时，可以使用"Virtual Sink"模块作为一个虚拟接收端。它将数据流作为输入，但不会将数据发送到任何实际的输出设备或文件中。

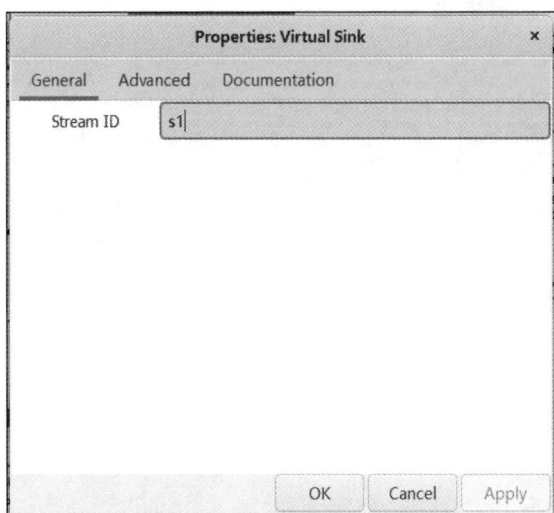

95

Stream ID：指定要读取的虚拟源的流 ID，要将流与虚拟源链接，必须在相应的源和接收器块中设置相同的流 ID 值。

（8）"Map"模块：将差分解码器中的符号转换为我们传输的原始符号。

Map：将 x 映射到 map［x］的整数向量。

（9）"Constellation Decoder"模块：用于从接收到的调制信号中解调出对应的数字数据符号。可以有效地恢复出发送端发送的数字数据，从而实现可靠的数据接收和解调过程。

Constellation：星座对象，请参见星座对象。

（10）"Channel Model"模块：用于模拟无线信道传输特性。可以设置各种不同类型的信道模型，如 AWGN（加性白噪声通道）、Rayleigh（瑞利衰落信道）、Rician（瑞利衰落信道加多径分量）等。这些模型可以用于评估无线通信系统的性能，进行误码率分析，以及验证不同的信号处理算法和调制方案在不同信道条件下的表现。

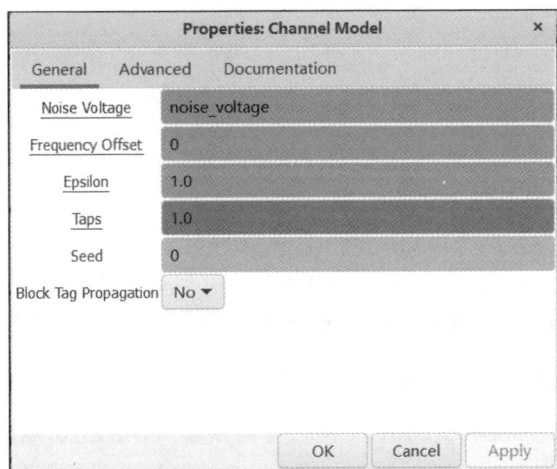

Noise Voltage（R）：电压形式的 AWGN 噪声电平（在外部计算以满足所需的信噪比）。

Frequency Offset（R）：归一化频率偏移。0 表示没有偏移量；例如，0.25 将是采样时间的四分之一。

Epsilon（R）：采样时序偏移，用于模拟发射机和接收机采样时钟之间的不同速率。1.0 没什么区别。

Taps（R）：FIR 滤波器抽头模拟多径延迟分布。默认值为 1+0j，表示单抽头，因此没有多路径。

Seed：噪声源的随机数生成器种子。

Block Tag Propagation：如果为真，标签将无法通过此块传播。

（11）"Virtual Source"模块：可以设置信号的相关参数，如频率、幅度、相位等，以及信号的类型和输出格式，用于生成正弦波、方波、三角波等基本信号形式，也可以生成随机信号、高斯噪声等。

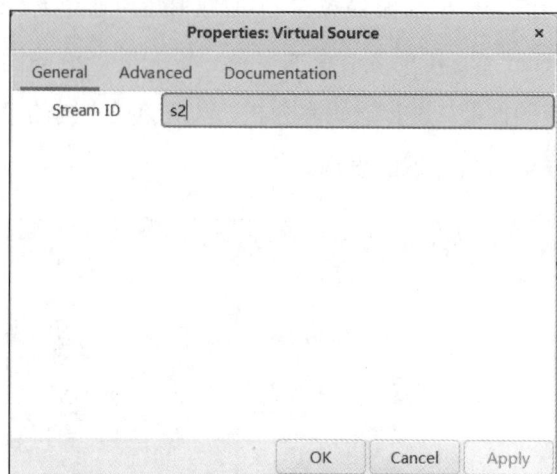

Stream ID：指定要读取的虚拟接收器的流 ID。要将流与虚拟接收器链接，必须在相应的源和接收器块中设置相同的流 ID 值。

（12）"BER"模块：BER 代表比特错误率（Bit Error Rate）。比特错误率是衡量数字通信系统性能的重要指标，它表示在传输过程中每个比特中发生错误的概率。通常情况下，比特错误率越低，表示通信系统的性能越好。

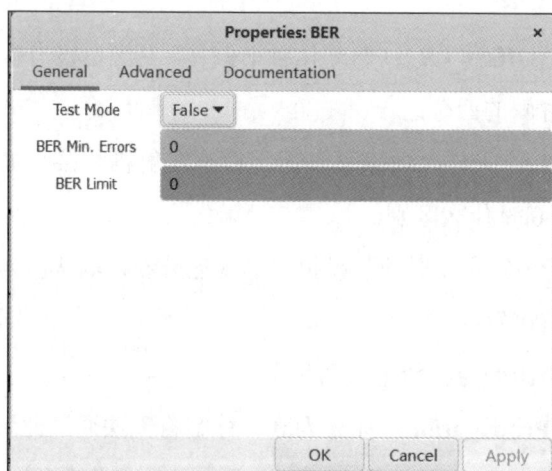

Test Mode：正常流模式为假（默认）；测试模式为真。

BER Min Errors：该块在输出结果之前需要观察这么多错误，仅当 test_mode=true 时有效。

BER Limit：该块在输出结果之前需要观察这么多错误，仅当 test_mode=true 时有效。

（13）"Char to Float"模块：将字符转换为浮点数通常涉及将字符编码转换为相应的数字表示形式，然后将其转换为浮点数，以便进行后续处理或分析。

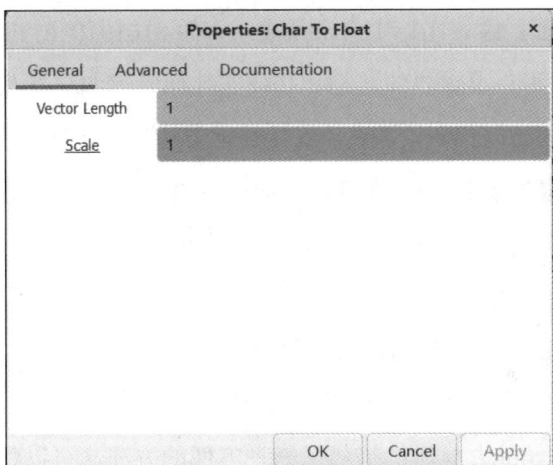

Scale（*R*）：应用于输入流的缩放因子。

（14）"Correlate Access Code-Tag Stream"模块（关联访问代码-标记流）：检查指定访问代码的输入，一次一位。

输入：浮点流（通常为软决策）。

输出：访问代码和标头后面的有效负载中的标记流位集。

该模块通过对软决策符号输入进行切片来搜索给定的访问代码。找到后，它期望以下 32 个样本包含帧长度的标头（长度为 16 位，重复）。它对标头进行解码以获取帧长度，以便设置标记的流密钥信息。

此块的输出适用于标记的流块。

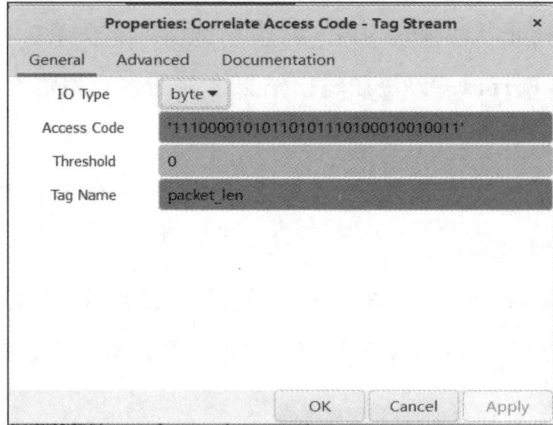

Access Code：用每比特 1 字节来表示，如 01010101011000100。选择非"循环"的访问码是很重要的。循环代码在代码长度内包含自身的重复。这可能导致错误的访问代码检测，并将导致字节边界（以及有效的数据包长度和有效载荷恢复）被错误地恢复，从而产生奇怪的结果。例如，访问代码 11111111 是一个糟糕的选择，因为它是循环的。块输入流中一行的前八个 1 位将正确检测第一个访问码。

Threshold：可能出错的最大位数。

Tag Name：插入到标记流中的标记的键。

（15）"File Sink"模块：提供了一种方便的方法，可以将数据流写入到文件中。

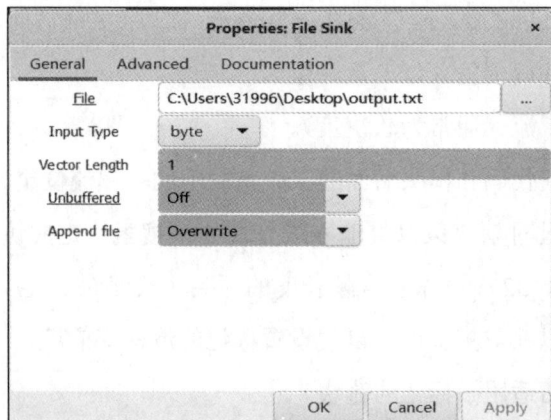

File（R）：要打开并写入输出的文件的路径，如果该位置不存在指定的文件名，它会在那里创建一个同名文件。否则，如果文件已经存在，它可能会根据追加选项覆盖或追加文件。

Unbuffered：要打开并写入输出的文件的路径，如果该位置不存在指定的文件名，它会在那里创建一个同名文件。否则，如果文件已经存在，它可能会根据追加选项覆盖或追加文件。

Append file：提供附加到文件或覆盖文件的选项。

实验结果

自环回路包括了发送和接收以及误码监测部分（注意自环不过信道不引入噪声，故而此处误码必定为 0）。

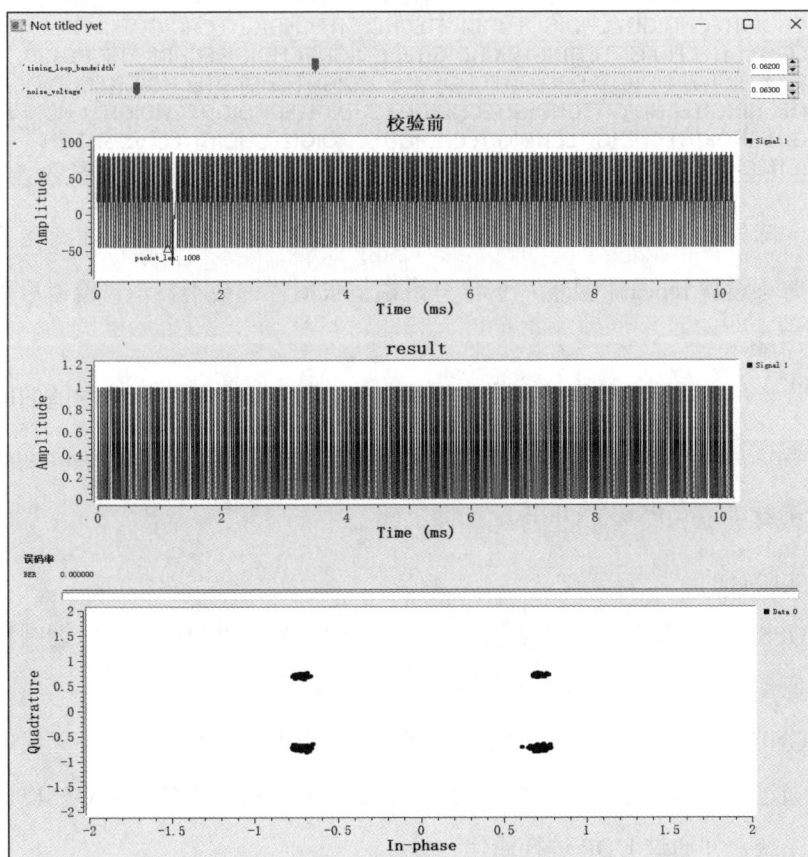

运行后将观察到完整的星座图和同步头检查后的码形图。

根据传输文件的不同，将在接收部分获得不同的结果，本次传输内容为：

为保证数据量设置了发送重复，获得的结果为：

实际使用中可根据自身需要灵活变更传输的文件的内容，注意在传输图片时不设置 repeat，且图片一旦有错误整张图片都会不显示，覆盖后将不显示图片。

注意：此处首次使用了同步头模块，在实际传输中同步头后跟随的即为传输的内容，可以尝试修改 access_key 观察不同的效果。

实验二 QPSK（UDP）

实验目的

QPSK 是一种常见的数字调制方式，通过实验可以验证 QPSK 调制和解调的原理，并了解在无线电通信中的应用和性能。

GNU Radio 提供了丰富的工具和库，可以用来设计和实现各种无线电系统。通过实验可以学习如何使用 GNU Radio 来搭建一个简单的 QPSK 调制解调系统，并通过 UDP 进行通信。

1. QPSK 发射

实验原理

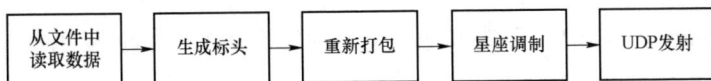

实验流程

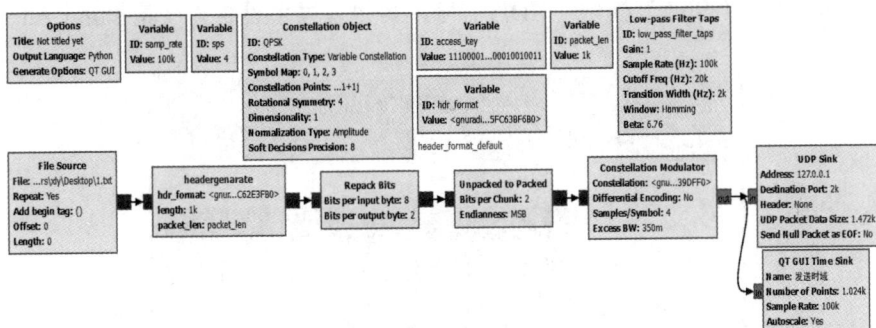

（1）"Low-Pass Filter Taps"模块：低通滤波器的截止频率设置为 100 kHz，过渡带宽为 25 kHz，Decimation 抽取值为 50，经过此模块后的采样率由 20 MHz 变为了 100 kHz。

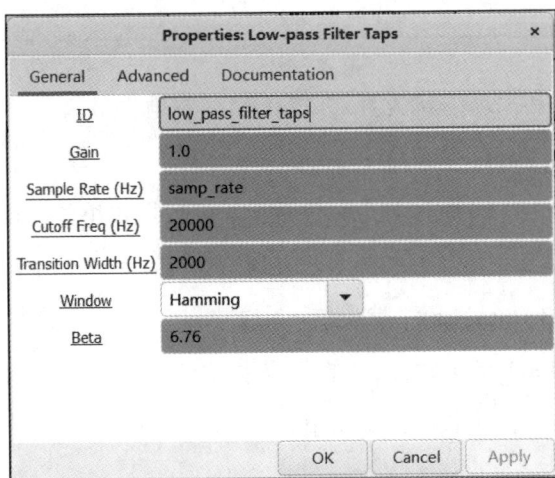

ID：与变量块类似，ID 将保存生成的值。

Gain：应用于输出的比例因子。

Sample Rate：输入采样速率。

Cutoff Freq：以 Hz 为单位的截止频率。

Transition Width：阻带和通带之间的转换宽度，单位为 Hz。

Window：要使用的窗口类型。

Beta：beta 参数仅适用于 Kaiser 窗口。

（2）"UDP Sink"模块：UDP 信号，其中采样率设置为变量 samp_rate。

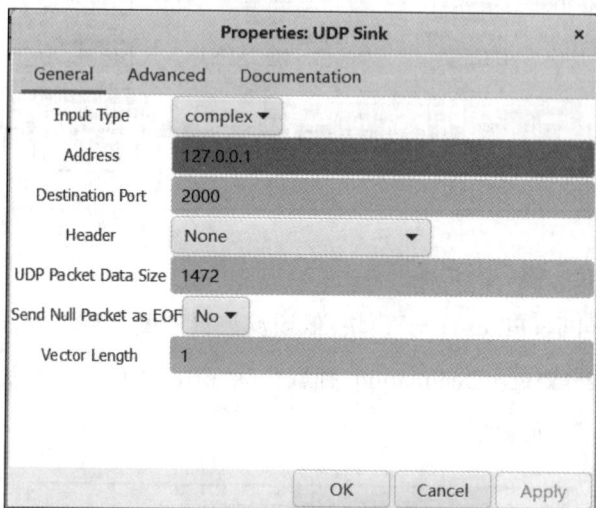

Address：IP 地址；默认值：127.0.0.1（本地主机）。

Destination Port：默认值：2000。

Header：［无，64 位序列号，序列+16 位数据大小，CHDR（64 位）］，选项。

UDP Packet Data Size：默认值：1472。

Send Null Packet as EOF：［否，是］，选项。

Vec Length：向量长度；默认值：1。

2. QPSK 接收

实验原理

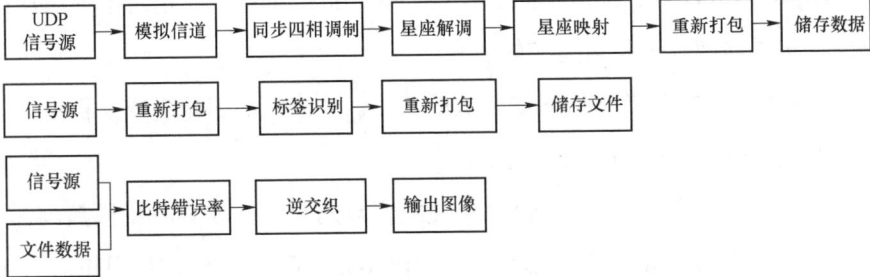

实验流程

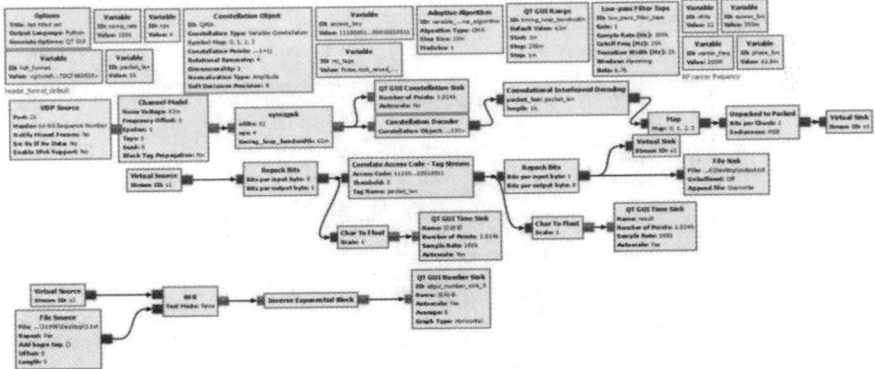

模块介绍

（1）"Adaptive Algorithm" 模块：实现自适应算法，可以用于自动调整信号处理参数以适应信道条件的变化，从而提高系统的鲁棒性和性能。

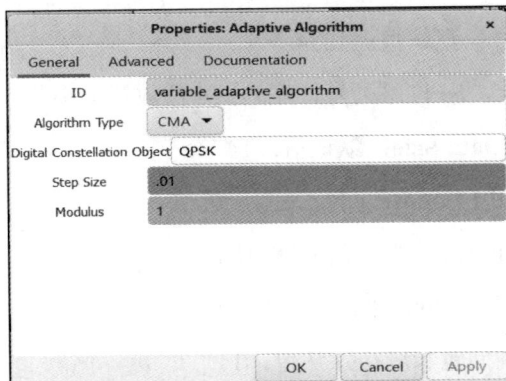

Algorithm Type：枚举以指定将使用哪个自适应算法；LMS、NLMS 和 CMA 是有效的选择。

Digital Constellation Object：Constellation_Object，指定用于使用均衡器的决策导向模式进行自适应的调制。

Step Size：指定自适应算法收敛的速度。太高，均衡器变得不稳定，最佳值取决于输入信号的统计特性。

Modulus：（仅适用于 CMA）指定星座点的数量，如 QPSK 模数=4。

（2）"UDP Source"模块：使用 UDP Source 可以从指定的 UDP 地址和端口接收数据。这在软件定义无线电系统中也是常见的，因为它允许从网络上的其他设备或远程主机接收数字信号。

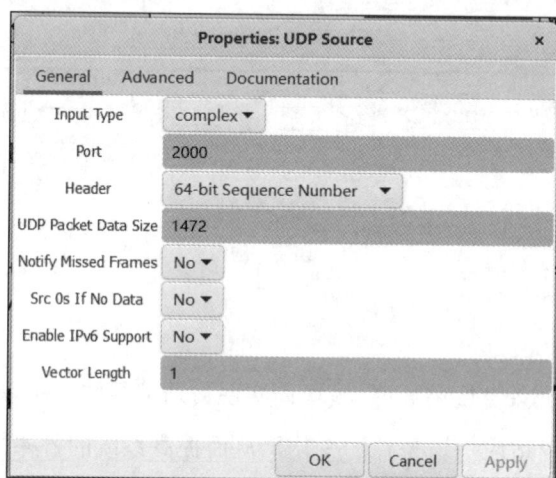

Port：端口号；默认值：1234。

Header：[无，64 位序列号，序列+16 位数据大小，ata 标头]，选项。

UDP Packet Data Size：默认值：1472。

Notify Missed Frames：[否，是]，选项。

Src 0s If No Data：[否，是]，选项。

Enable IPv6 Support：[否，是]，选项。

Vec Length：向量长度；默认值：1。

实验结果

可以观察到发送波形。以及接收波形与误码率显示（此处 udp 网络误差已于前文解释）。

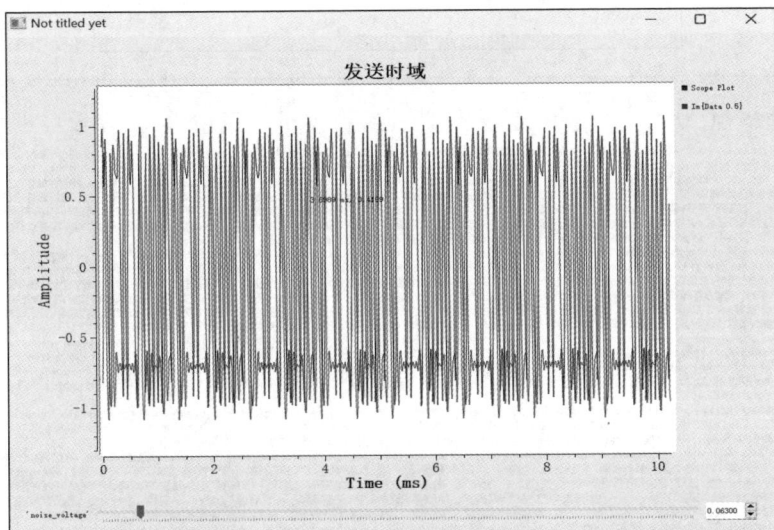

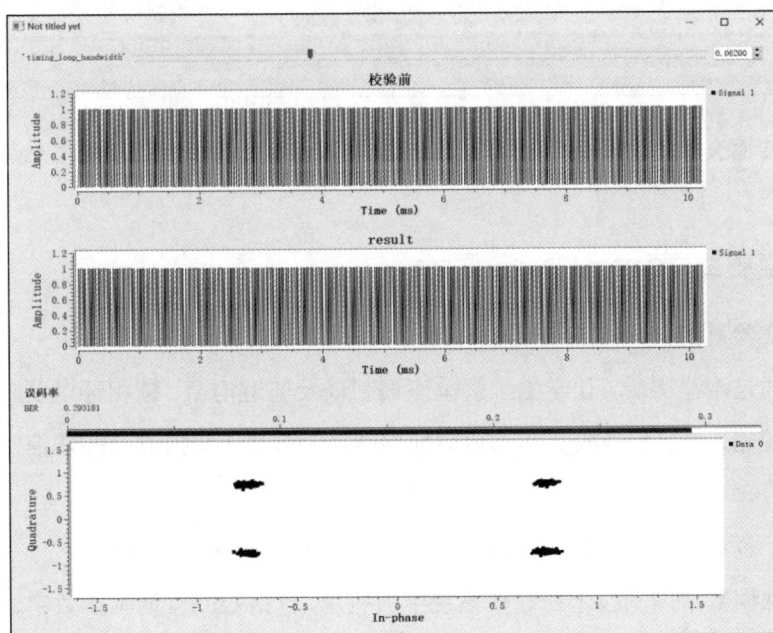

获得相应的结果文件：

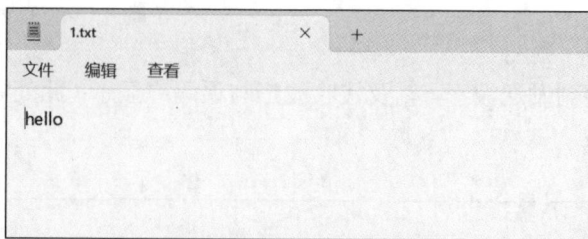

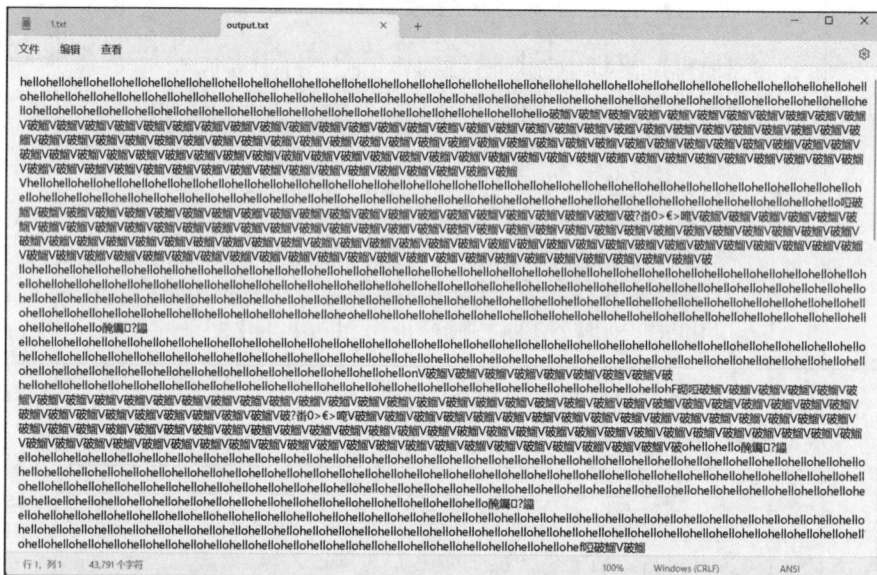

传输文件内容可由学生自行选择和设置，再次强调使用 udp 注意关闭防火墙。

实验三　QPSK（Digitech RF）

实验目的

通过本次实验，让学生了解星座调制以及信道均衡、锁相环以及时钟同步的使用，了解信号失真和通道效应问题，识别发送和接收 QPSK 信号所需的阶段。

了解和学习 QPSK 调制技术的基本原理和实际应用。

探索数字调制技术在通信系统中的应用，包括 QPSK 调制在数字通信系统中的优势和特点。

研究 QPSK 调制技术对于多路信号传输的有效性和性能特点。

通过星座调制 QPSK 实验，可以帮助学生更好地理解数字调制技术，加深对 QPSK 调制原理和性能的认识，提供在通信领域的学习和研究实践基础。

注意：BPSK 牺牲了传输效率来保证可靠性，而 QPSK 恰恰相反，故 QPSK 实验成功概率并不高,请多次尝试调整增益和频段，或使用备选 BPSK 的方案，主要表现在同步头的丢失，导致无法正确对准，同时在发送接收时采用了附加载波，学生可思考其效果。

1. QPSK 发射

实验原理

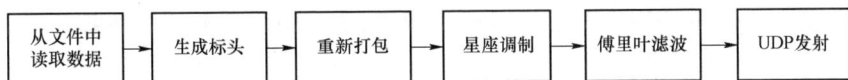

实验流程

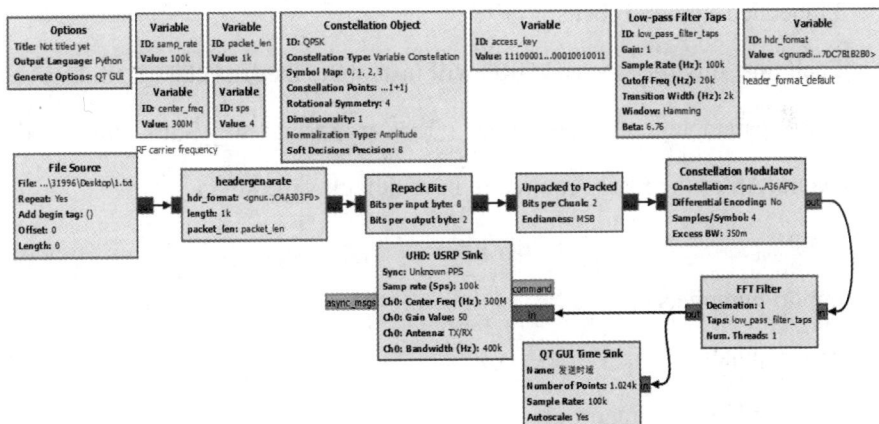

模块介绍

（1）"Message Strobe" 模块（消息频闪）：按定义的时间间隔发送消息。获取 PMT 消息，并每毫秒发送一次。用于测试/调试消息系统。可直接输入待发送的消息码。

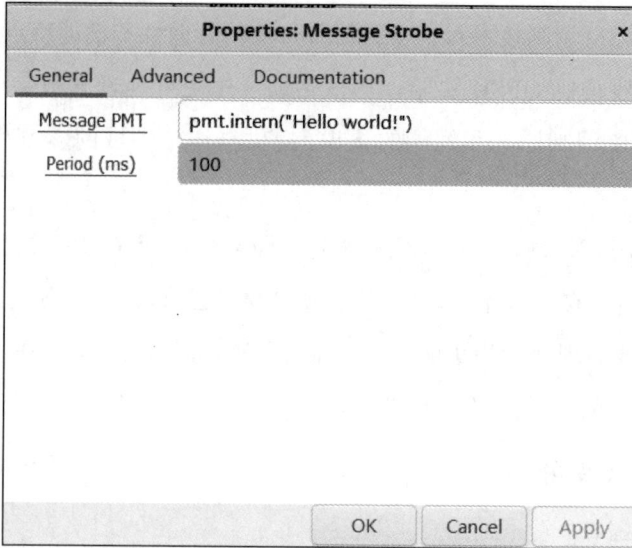

（2）"Python Block"模块（自定义 Python 块）：本处模块核心代码如下：

```
"""

Embedded Python Blocks:

Each time this file is saved,GRC will instantiate the first class it finds to get
ports and parameters of your block. The arguments to__init__will be the
parameters. All of them are required to have default values!

"""

import numpy as np

import pylab

from GNU Radio import gr

import pmt

class  msg_block(gr.basic_block):#other  base  classes  are  basic_block,
decim_block,interp_block

"""Convert strings to uint8 vectors"""
```

```
def__init__(self):#only default arguments here
"""arguments to this function show up as parameters in GRC"""
gr.basic_block.__init__(
self,
name='Embedded Python Block',#will show up in GRC
in_sig=None,
out_sig=None
)
self.message_port_register_out(pmt.intern('msg_out'))
self.message_port_register_in(pmt.intern('msg_in'))
self.set_msg_handler(pmt.intern('msg_in'),self.handle_msg)
def handle_msg(self,msg):
nvec=pmt.to_python(msg)
self.message_port_pub(pmt.intern('msg_out'),pmt.cons(pmt.make_dict(),pm
t.pmt_to_python.numpy_to_uvector(np.array([ord(c)for c in nvec],np.uint8))))
def work(self,input_items,output_items):
Pass
"""
```

（3）PDU to Tagged Stream 模块：将接收的 PDU 转换为标记的项目流，并为其打上长度标签。

（4）"Protocol Formatter" 模块（协议格式化程序）：用于给标记后的数据流创建标头，所有这些数据包标头格式对象的操作都相同：它们接收有效负载数据以及有关 PDU 的可能额外元数据信息，然后 Format 对象返回输出和元数据信息，最后该块传输标头向量，并将元数据作为标头开头的标记附加。

Properties: Protocol Formatter ✕

General   Advanced   Documentation

Format Obj.   hdr_format

Length Tag Name   "packet_len"

OK   Cancel   Apply

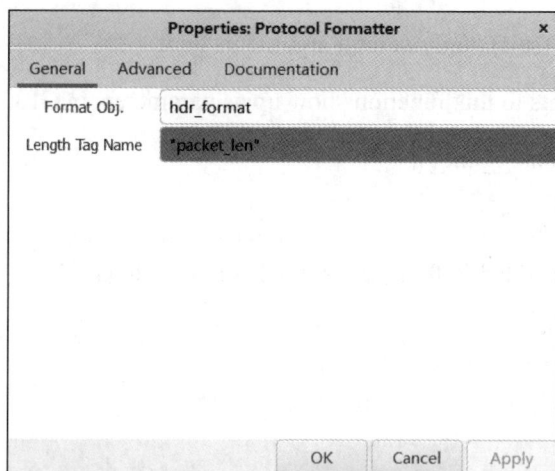

Value 函数为: digital.header_format_default（digital.packet_utils.default_ access_code，0）。

（5）"Tagged Stream Mux"模块（合并标记流）：将 N 个流作为输入。每个流都标有数据包长度。数据包从每个输入流按顺序输出。输出信号有一个新的长度标签，它是所有单个长度标签的总和。

（6）"Repack Bits"模块（打包比特流）：将输入流中的位重新打包到输出流的位上。此处可实现将 8 个比特打包成一个字节。

（7）"Unpacked to Packed"模块（差分编码）：可以将原始的未经差分编码的数据流转换为差分编码格式的数据流，用于在数字数据流中引入差分性，以提高数据传输的可靠性。

（8）"Throttle"模块：用于限制流量。它对输入流的速率进行控制，以确保数据流以特定的速率进行处理或输出。

（9）"Constellation Modulator"模块：将数字数据流转换为基于星座图的调制信号。可以指定要使用的星座图、调制方式（如 BPSK、QPSK、16-QAM等）以及其他调制参数。该模块将输入的数字数据流映射到星座图上的符号点，并将其转换为相应的调制信号。

（10）"FFT Filter"模块：用于基于快速傅里叶变换（FFT）的滤波器设

计和实现。可以指定滤波器的参数，如滤波器类型（低通、高通、带通、带阻）、截止频率、滤波器长度等。该模块将使用 FFT 算法计算滤波器的频域响应，并将其应用于输入信号以实现滤波效果。常用于信号处理中的滤波操作，如去除噪声、降低干扰、提取特定频率成分等。

参数：

Decimation：抽取率。输出流将应用此抽取，抽取率为 1 意味着没有抽取；如果抽取设置高于 1，请确保滤波器将去除"输出区域"以外的能量，即-Fs/2 至 Fs/2，其中 Fs 为输入采样速率除以抽取速率。

Taps（*R*）：用于 FIR 滤波器的抽头。

Sample Delay：信号延迟的附加样本数。

Number of Threads：用于该模块的线程数量，即提高多核 CPU 的性能。

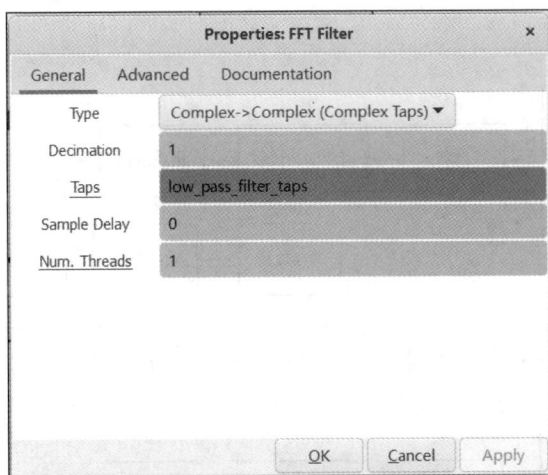

Properties: FFT Filter	✕

General	Advanced	Documentation

Type	Complex->Complex (Complex Taps) ▼
Decimation	1
Taps	low_pass_filter_taps
Sample Delay	0
Num. Threads	1

OK　Cancel　Apply

（11）"Virtual Sink"模块：当需要丢弃或忽略一部分数据流时，可以使用"Virtual Sink"模块作为一个虚拟接收端。它将数据流作为输入，但不会将数据发送到任何实际的输出设备或文件中。

（12）"Properties：Constellation Object"模块：用于定义和管理调制信号的星座图，包括点的位置、数量和标识。这些信息用于生成调制信号和解调接收到的信号。

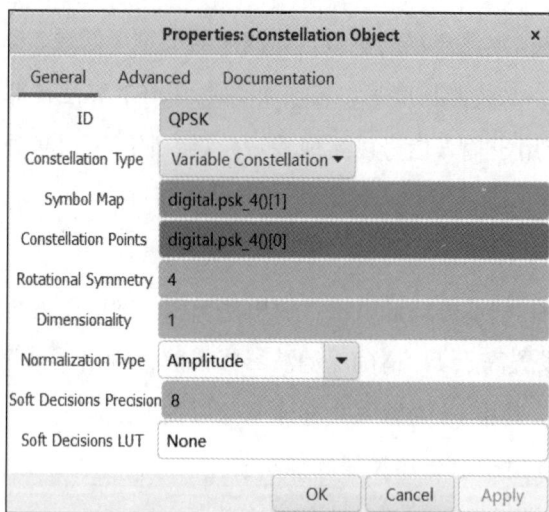

2. QPSK 接收

实验原理

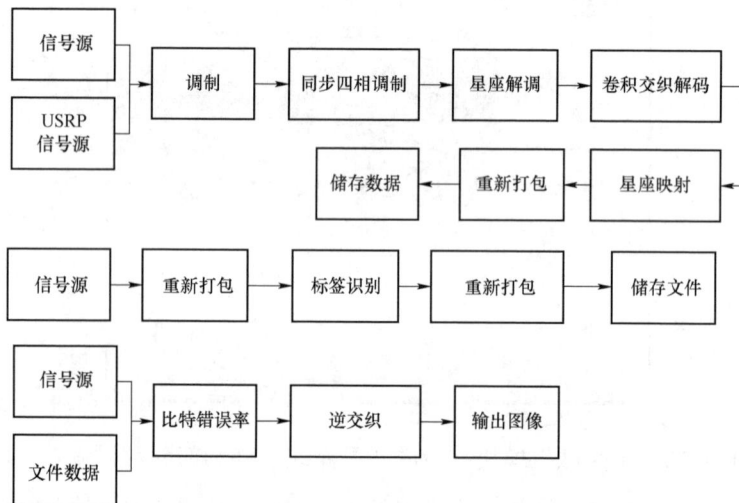

实验流程

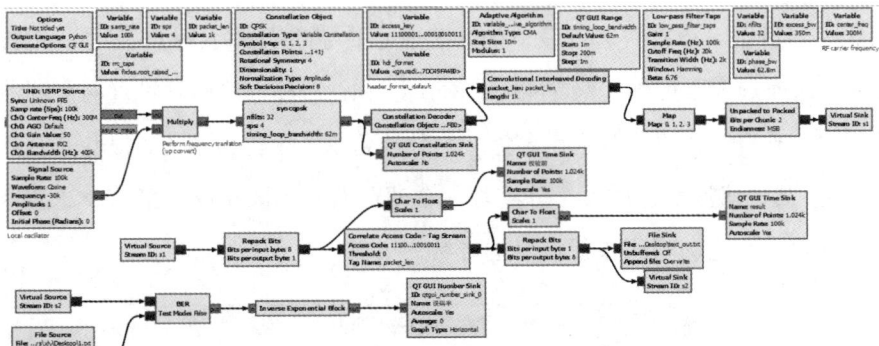

模块介绍

（1）"Virtual Source"模块：可以设置信号的相关参数，如频率、幅度、相位等，以及信号的类型和输出格式，用于生成正弦波、方波、三角波等基本信号形式，也可以生成随机信号、高斯噪声等。

（2）"Channel Model"模块：用于模拟无线信道传输特性。可以设置各种不同类型的信道模型，如 AWGN（加性白噪声通道）、Rayleigh（瑞利衰落信道）、Rician（瑞利衰落信道加多径分量）等。这些模型可以用于评估无线通信系统的性能，进行误码率分析以及验证不同的信号处理算法和调制方案在不同信道条件下的表现。

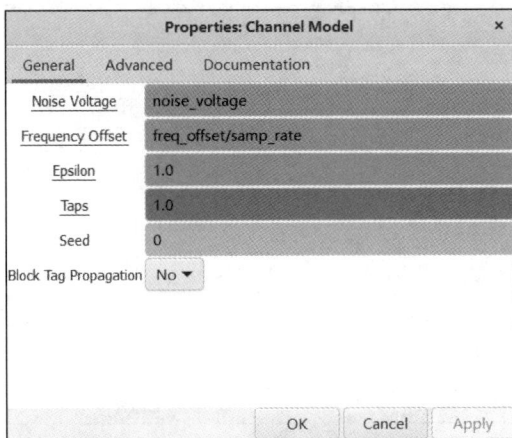

（3）"Polyphase Clock Sync"模块（多相时钟同步）：使用多相滤波器组

的定时同步器。该模块通过最小化滤波信号的导数来执行 PAM 信号的定时同步，从而最大限度地提高 SNR 并最小化 ISI。这种方法通过设置两个滤波器组来工作；一个滤波器组包含信号的脉冲整形匹配滤波器（如根升余弦滤波器），其中滤波器组的每个分支都包含滤波器的不同相位，第二个滤波器组包含第一个滤波器组中滤波器的导数。

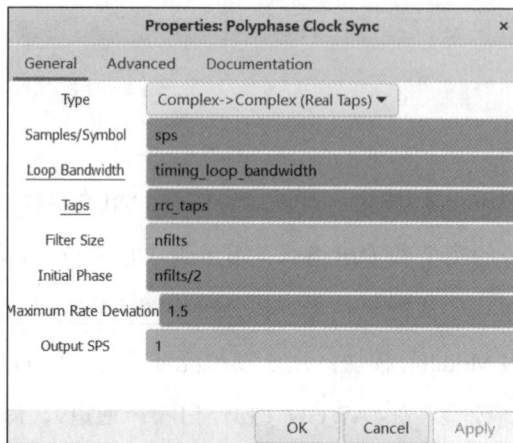

（4）"Constellation Soft Decoder"模块（星座软解码器）：根据物体的映射和软决策 LUT 将星座的点从复杂空间解码为软位。实现 BPSK 解码。

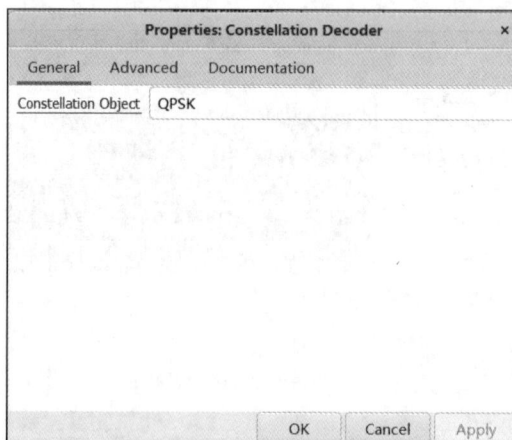

（5）"Map"模块：将差分解码器中的符号转换为我们传输的原始

符号。

（6）"Correlate Access Code-Tag Stream"模块（关联访问代码-标记流）：检查指定访问代码的输入，一次一位。

输入：浮点流（通常为软决策）。

输出：访问代码和标头后面的有效负载中的标记流位集。

该模块通过对软决策符号输入进行切片来搜索给定的访问代码。找到后，它期望以下 32 个样本包含帧长度的标头（长度为 16 位，重复）。它对标头进行解码以获取帧长度，以便设置标记的流密钥信息。

此块的输出适用于标记的流块。

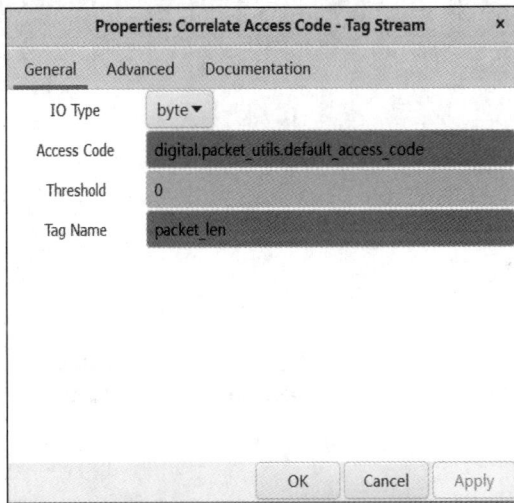

（7）"File Sink"模块：提供了一种方便的方法，可以将数据流写入到文件中。

实验结果

运行后将在接收端观察到如下波形与结果文档：

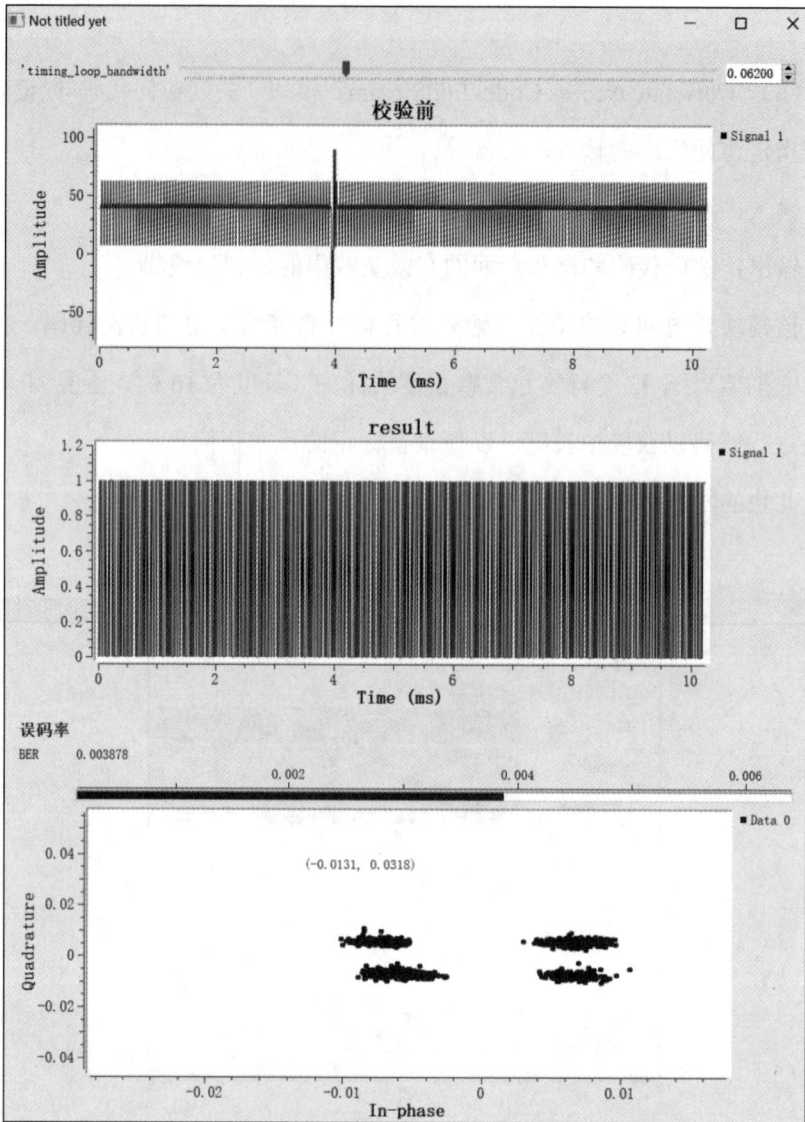

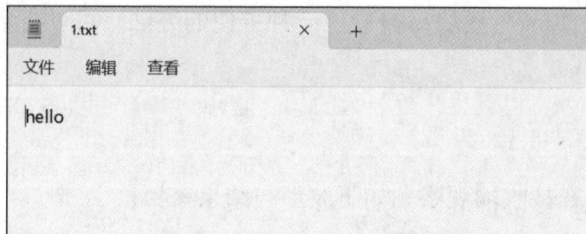

2.4　OFDM 数字调制通信系统设计与实现

2.4.1　OFDM 简介

OFDM（Orthogonal Frequency Division Multiplexing）是一种多载波调制技术，本质上是 MCM（Multi Carrier Modulation）的一种形式，通过频分复用实现高速串行数据的并行传输，具备优良的抗多径衰落能力，并支持多用户接入。

OFDM 技术源于 MCM，是多载波传输的一种实现方式。OFDM 的调制和解调分别基于 IFFT 和 FFT 来实现，是复杂度最低、应用最广泛的多载波传输技术之一。

在通信系统中，信道的带宽通常远远超过单一信号所需带宽，这导致了资源的浪费。为了充分利用信道资源，频分复用技术应运而生。OFDM

的核心理念是将信道划分为互相正交的子信道，从而实现高速串行数据的并行传输。在每个子信道上进行数据传输，并通过接收端的相关技术有效降低子信道间的相互干扰（ISI）。由于每个子信道的带宽远小于信道的总带宽，OFDM 可视为平坦性衰落，从而消除了码间串扰，并使信道均衡更为容易。

OFDM 技术作为 HPA 联盟工业规范的基础，通过多音调技术将不同频率的信号合并成单一信号进行传送，应用于对外部干扰敏感或抵抗能力较差的传输介质中。

相较于单载波调制方法，OFDM 将高速串行数据转换为若干低速率数据流，并在多个互不重叠的子通道上进行正交频分多重调制，从而克服了单载波系统的缺陷。在 B3G/4G 演进中，OFDM 是关键的技术之一，可结合分集、时空编码、干扰和信道间干扰抑制以及智能天线技术，提高系统性能。其衍生类型包括 V-OFDM、W-OFDM、F-OFDM、MIMO-OFDM 和多带-OFDM 等。

OFDM 中的各个载波是相互正交的，每个载波在一个符号时间内有整数个载波周期，每个载波的频谱零点和相邻载波的零点重叠，这样便减小了载波间的干扰。由于载波间有部分重叠，所以它比传统的 FDMA 提高了频带利用率。

在 OFDM 传输中，高速信息数据被串行转换为并行，并分配到多个速率较低的子信道进行传输。每个子信道中的符号周期相对增加，以减少由无线信道多径时延扩展引起的时间弥散对系统造成的码间干扰。同时，引入了保护间隔，当其大于最大多径时延扩展时，可最大限度地消除多径引起的符号间干扰。采用循环前缀作为保护间隔的方式，还能有效避免信道间的干扰。

以前的频分复用（FDM）系统将整个带宽划分为多个不重叠的子频带，为了避免干扰，常常需要额外的保护带宽，但这会降低频谱利用率。为了解决这个问题，OFDM 采用了 N 个重叠的子频带，这些子频带相互正交，在接收端可以不需要分离频谱就能接收信号。

OFDM 系统利用正交的子载波，可以通过快速傅里叶变换（FFT/IFFT）来实现调制和解调是它的一个主要优点。与直接进行 N 点 IDFT 运算相比，只需要进行（$N/2$）log2N 次复数乘法，就可采用基于 2 的 FFT 算法显著降低运算复杂度，

把保护间隔加入 OFDM 系统的发射端，可消除由多径引发的 ISI。通过填充循环前缀的方式，把循环前缀添加到 OFDM 符号的保护间隔内，可确保 OFDM 符号的时延副本中，包含的波形周期数在 FFT 周期内也为整数，可有效避免 ISI 在解调过程中产生，OFDM 技术抗 ISI 能力极强、频谱效率高，自 2001 年起，在光通信领域中，该技术已得到广泛应用，并有大量研究证明了其在光通信领域的可行性。

2.4.2　实验

实验一　OFDM 自环

实验目的

注意：OFDM 对数据数量有严格要求，同时若出现同步丢失或者误码过高的情况，适当调整 usrp 增益即可（于 usrp 环节不再赘述），ofdm 系统拥有最高的稳定性。

实验原理

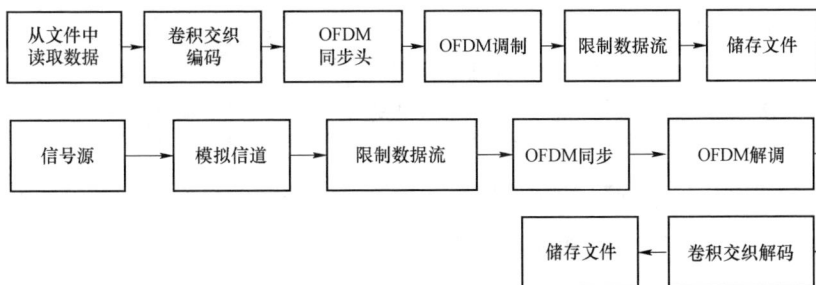

实验流程

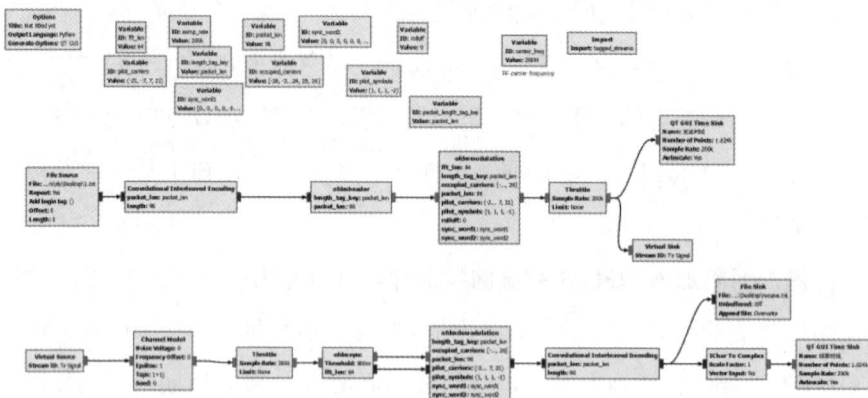

模块介绍

（1）"Convolutional Interleaved Encoding"模块：（卷积交织编码）是一种常见的数字通信技术，用于数据传输中的错误纠正和数据保护。在数字通信系统中，Convolutional Interleaved Encoding 通常与调制技术结合使用，以提高数据传输的可靠性和抗干扰能力。

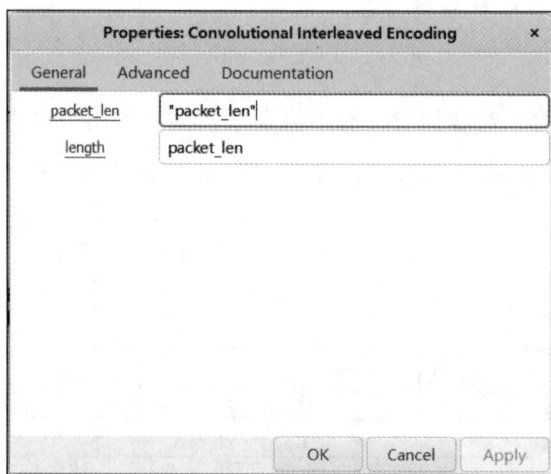

（2）"ofdmheader"模块：通常包含了一些关键信息，用于在接收端正确解析和处理接收到的 OFDM 信号。

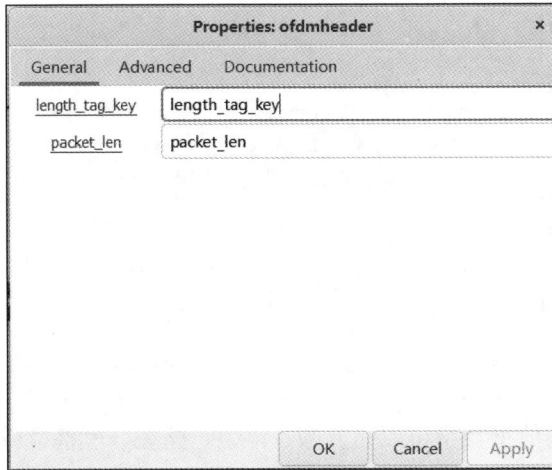

（3）"ofdm modulation"模块：实现 OFDM 正交频分复用调制。涉及子载波生成、IFFT 操作、加入循环前缀、串行到并行转换、调制等关键步骤。

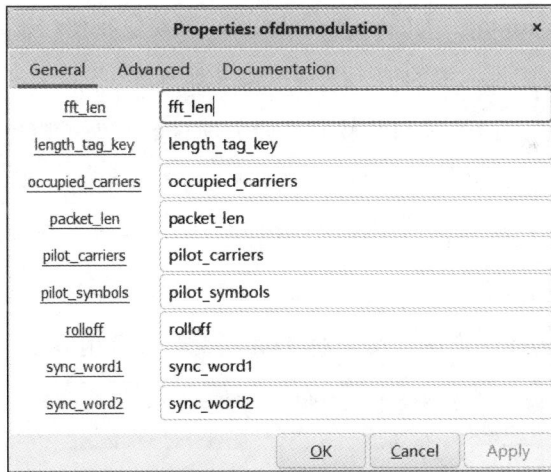

（4）"Throttle"模块：一个用于控制流图中处理速率的重要模块，它通常用于限制数据流的速率，以便适应特定的处理器性能或者硬件设备的限制。Throttle 模块可以在流图中插入，以控制数据流的传输速率，避免数据过载或者处理速度不匹配的情况。

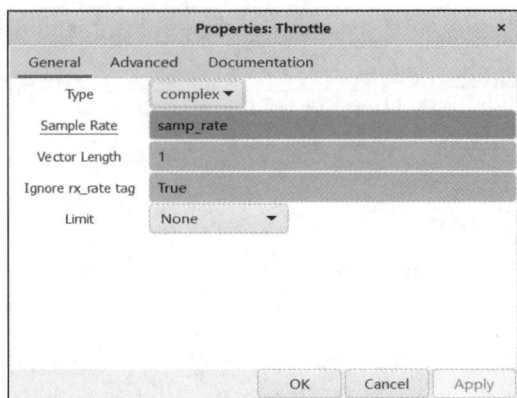

Type：块的数据类型可以是复数、浮点、整型、短整型或字节型。默认值很复杂。

Sample rate（*R*）：所需的最大平均采样速率。

Vector length：默认值=1。值＞1 允许样本向量通过（如在 FFT 模块的输出端）。

Ignore rx_rate tag：如果设置为 False，该模块将使用密钥 rx_rate 将其采样速率设置为接收标签的值。它将忽略其他标签。

Limit："无""最长时间（秒）""最大项目数"为了避免以最大的延迟复制最大的块（这可能导致视觉接收器中非常不希望的"滞后"行为），可以指定每个副本块等待的最大时间（因此，本质上是一次复制的最大样本数），或者最大项目数（因此本质上是块之间等待的最大时间）。

（5）"ofdmsync"模块：实现 OFDM 正交频分复用同步。

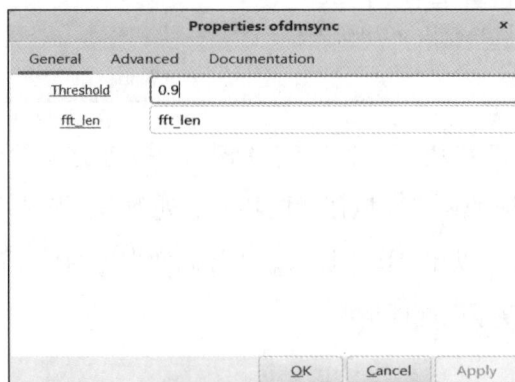

（6）"ofdm demodulation"模块：实现 OFDM 正交频分复用解调。

（7）"Convolutional Interleaved decoding"模块：实现卷积交织解码。

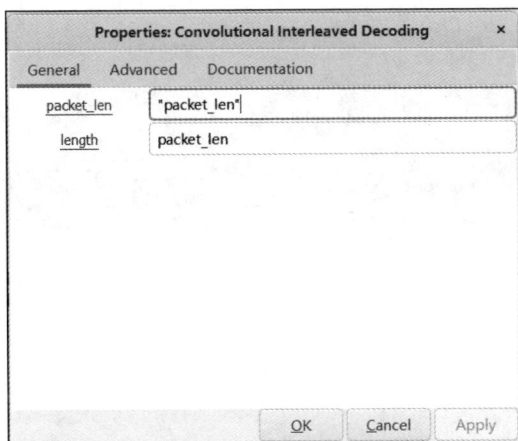

（8）"IChar To Complex"模块：实现 IChar 到 Complex 的转换。

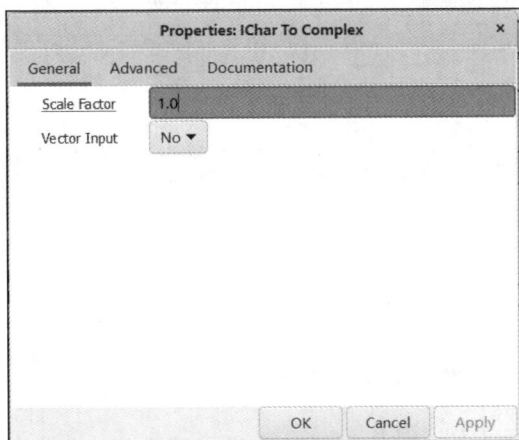

Vector Input：是或否。I 和 Q 通道使用矢量输入而不是交错采样。如果选择矢量输入，则输入必须为短输入类型（输入不改变颜色，但输入模块的输出必须是简短的）。

实验结果

运行后将观察到如下波形结果和传输文件结果：

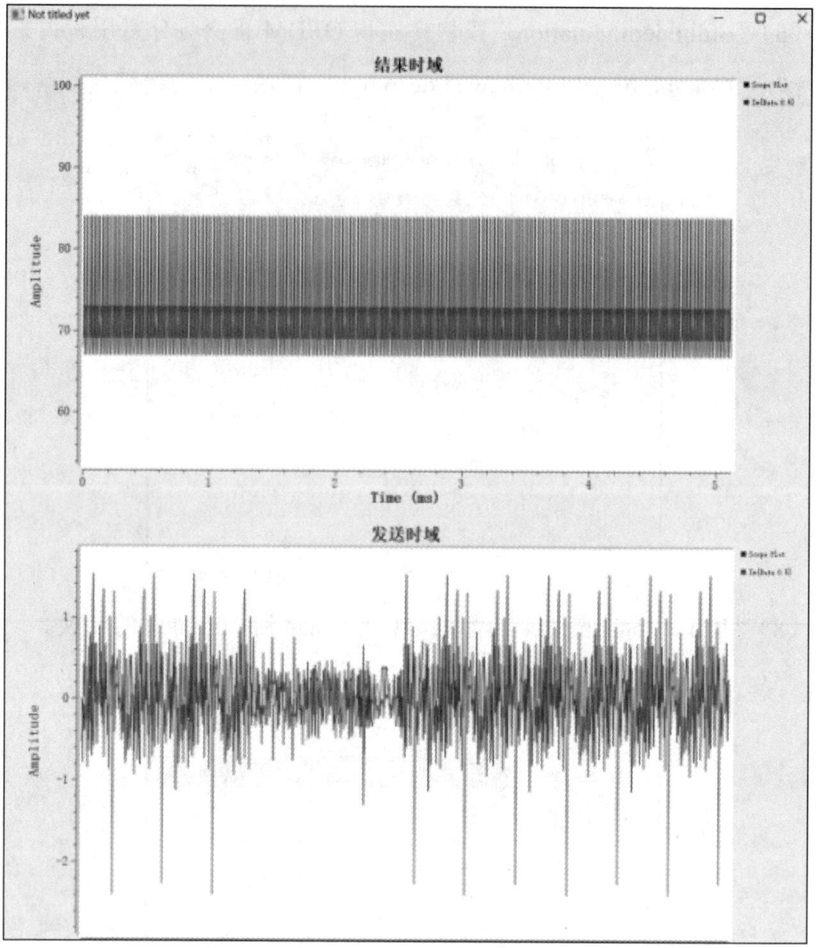
Not titled yet
结果时域
Amplitude
Time (ms)
发送时域
Amplitude

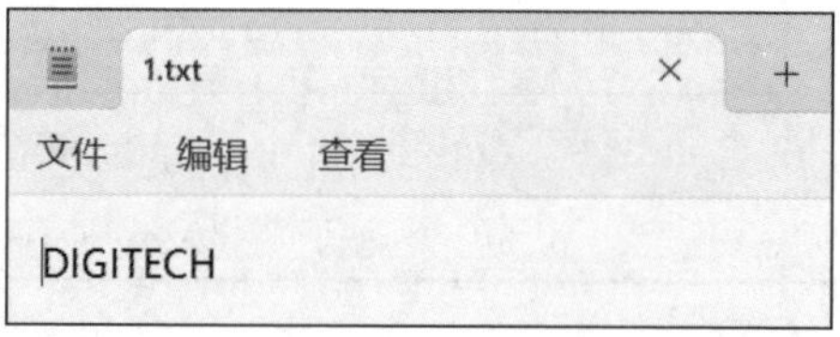
1.txt
文件
编辑
查看
DIGITECH

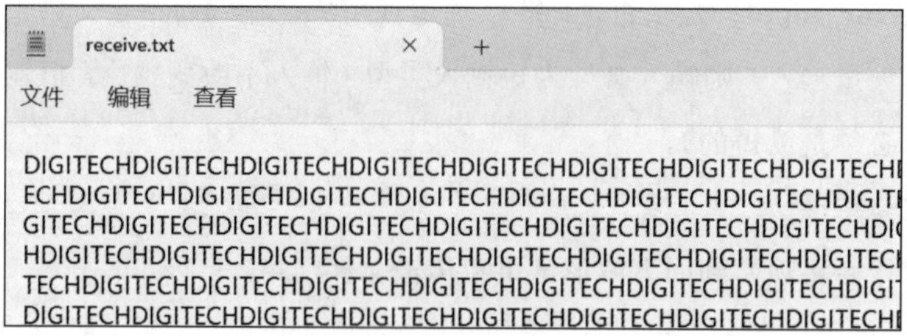
receive.txt
文件
编辑
查看
DIGITECHDIGITECHDIGITECHDIGITECHDIGITECHDIGITECHDIGITECHDIGITECH
ECHDIGITECHDIGITECHDIGITECHDIGITECHDIGITECHDIGITECHDIGITECHDIGIT
GITECHDIGITECHDIGITECHDIGITECHDIGITECHDIGITECHDIGITECHDIGITECHDI
HDIGITECHDIGITECHDIGITECHDIGITECHDIGITECHDIGITECHDIGITECHDIGITEC
TECHDIGITECHDIGITECHDIGITECHDIGITECHDIGITECHDIGITECHDIGITECHDIGI
DIGITECHDIGITECHDIGITECHDIGITECHDIGITECHDIGITECHDIGITECHDIGITECH

学生可自行调整文件内容观察传输结果。

实验二　OFDM（UDP）

实验目的

通过进行基于 GNU Radio 的 OFDM 和 UDP 实验，学生可以学习和掌握现代无线通信技术，并且将理论知识应用到实际的软件定义无线电系统中，从而提升学生在无线通信领域的技能和能力。

OFDM 是一种常见的调制技术，特别适用于高速数据传输和抗多径衰落的通信环境。通过进行实验，可以深入了解 OFDM 的原理、调制方式以及其在无线通信中的应用。

UDP（用户数据报协议）是一种简单的面向数据报的传输协议，适用于对实时性要求较高、对数据传输可靠性要求较低的应用场景。通过在 GNU Radio 中实现基于 UDP 的通信，可以学习如何在软件定义的无线电系统中使用 UDP 协议进行数据传输。

通过实验验证理论知识，如通过比较实际实验结果和理论预期结果，可以加深学生对 OFDM 和 UDP 通信原理的理解，并且验证所学知识的正确性。

1. OFDM 发射

实验原理

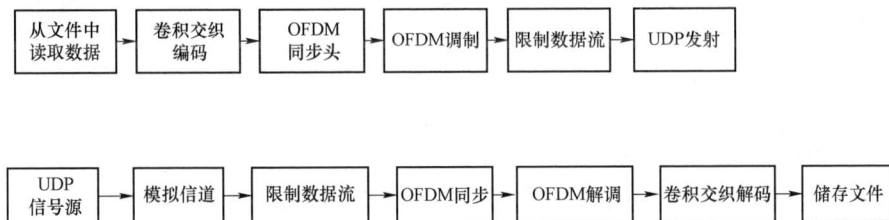

实验流程

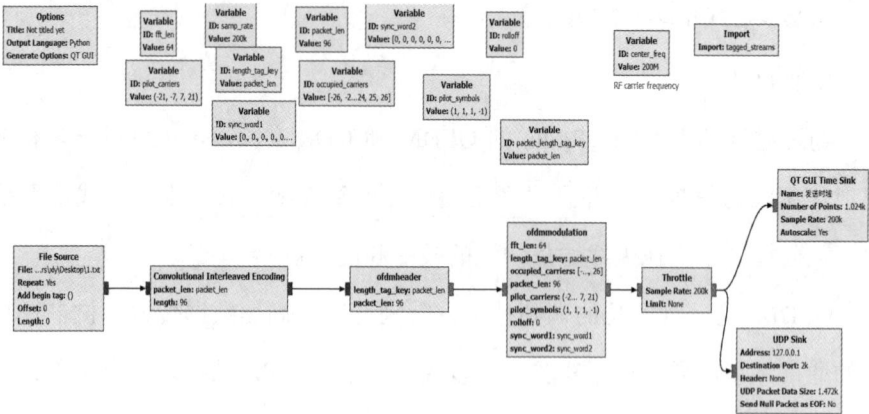

2. OFDM 接收

实验原理

实验流程

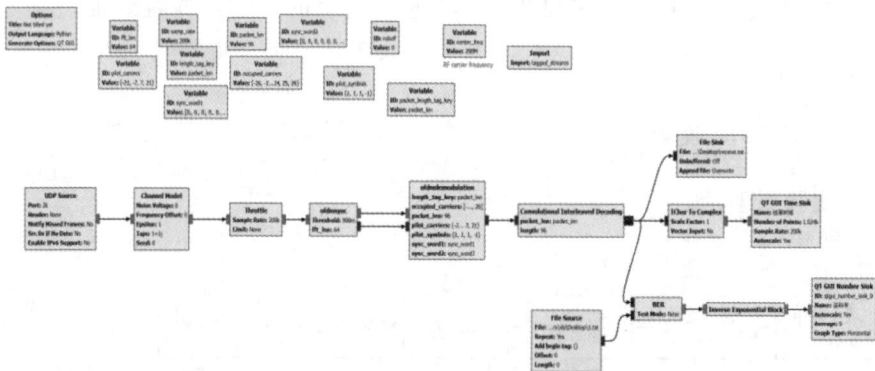

模块介绍

（1）"UDP Sink"模块：UDP 信号，其中采样率设置为变量 samp_rate。

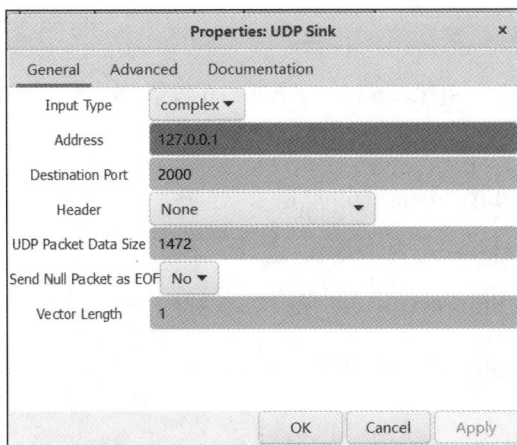

Address：IP 地址；默认值：127.0.0.1（本地主机）。

Destination Port：默认值：2000 年。

Header：［无，64 位序列号，序列+16 位数据大小，CHDR（64 位）］，选项。

UDP Packet Data Size：默认值：1472。

Send Null Packet as EOF：［否，是］，选项。

Vec Length：向量长度；默认值：1。

（2）"UDP Source"模块：接收 FM 信号，其中采样率设置为变量 samp_rate。

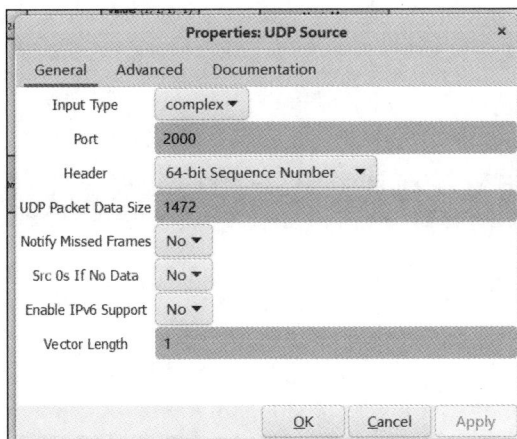

Port：端口号；默认值：1234。

Header：［无，64 位序列号，序列+16 位数据大小，ata 标头］，选项。

UDP Packet Data Size：默认值：1472。

Notify Missed Frames：［否，是］，选项。

Src 0s If No Data：［否，是］，选项。

Enable IPv6 Support：［否，是］，选项。

Vec Length：向量长度；默认值：1。

实验结果

运行后将观察到如下波形结果和传输文件结果：

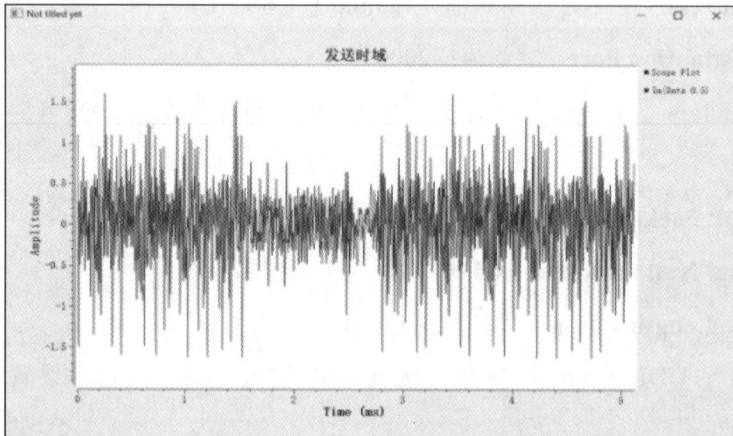

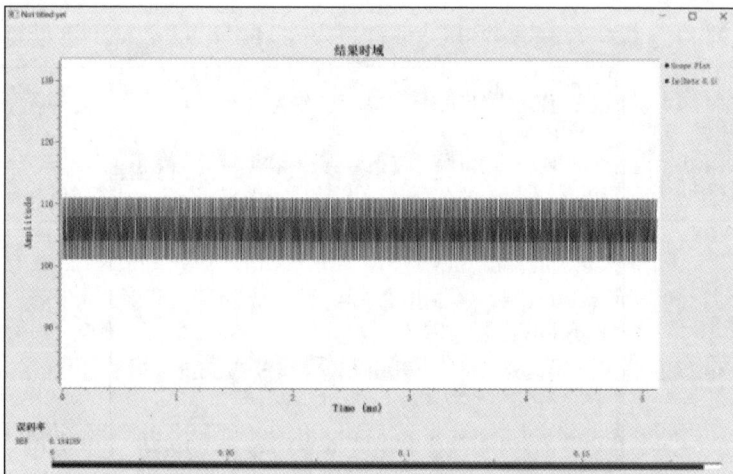

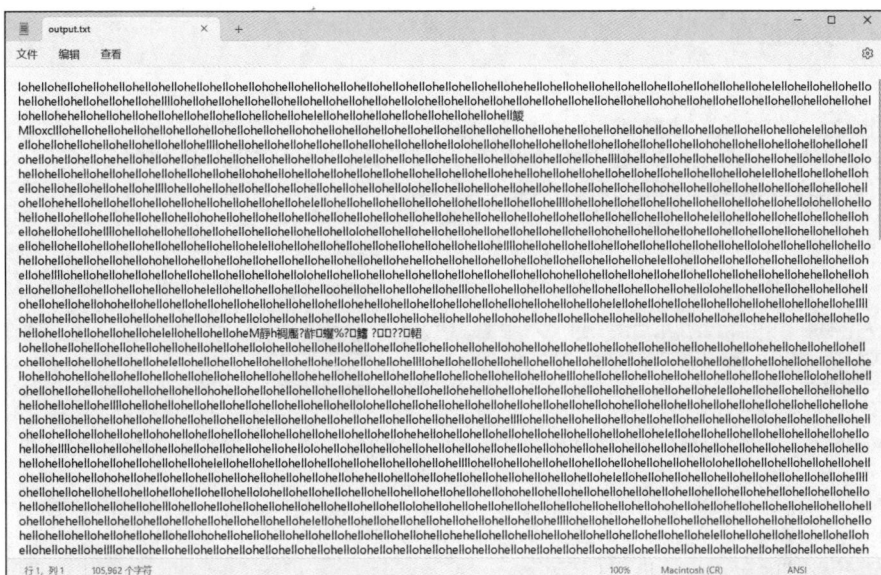

实验三 OFDM（Digitech RF）

实验目的

通过进行 OFDM（正交频分复用）实验可以帮助学生获得以下实验知识：

探索 OFDM 在无线通信系统中的应用，包括其对抗多径衰落和频率选择性衰落的能力。

研究 OFDM 技术在高速数据传输中的性能特点，包括其对抗多径干扰和噪声的能力。

通过实验观察不同信道条件下 OFDM 系统的性能表现，包括其对信道容量和频谱利用率的影响。

1. OFDM 发射

实验原理

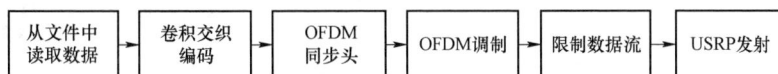

从文件中读取数据 → 卷积交织编码 → OFDM 同步头 → OFDM调制 → 限制数据流 → USRP发射

实验流程

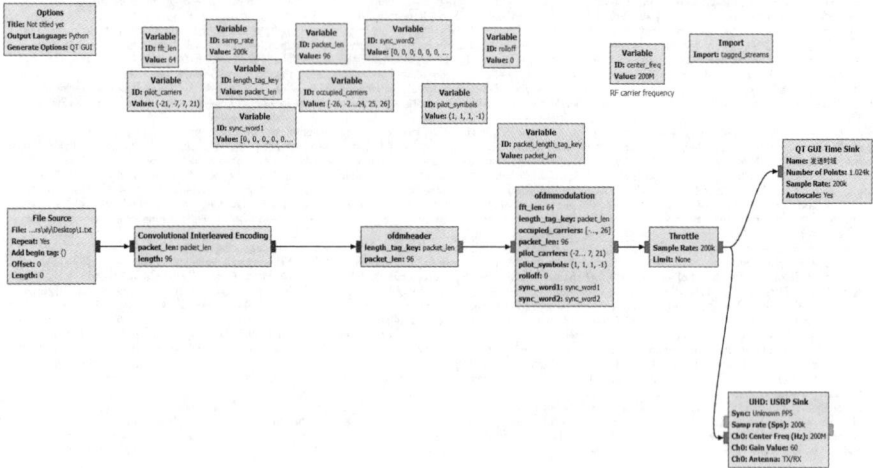

2. OFDM 接收

实验原理

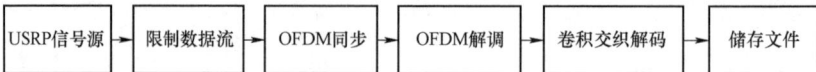

实验流程

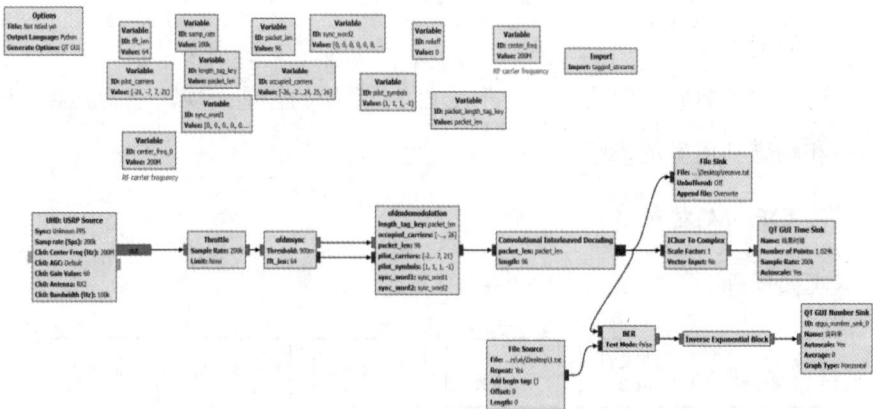

模块介绍

（1）"USRP Sink"模块：向 USRP 设备发送信号。

（2）"USRP Source"模块：从 USRP 设备接收信号。

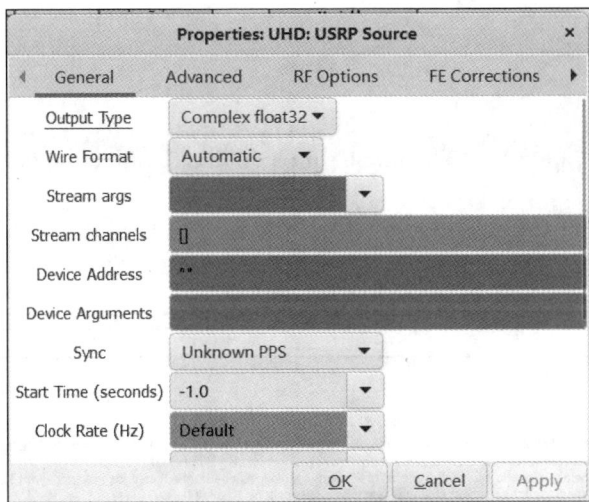

实验结果

运行后将观察到如下波形结果和传输文件结果：

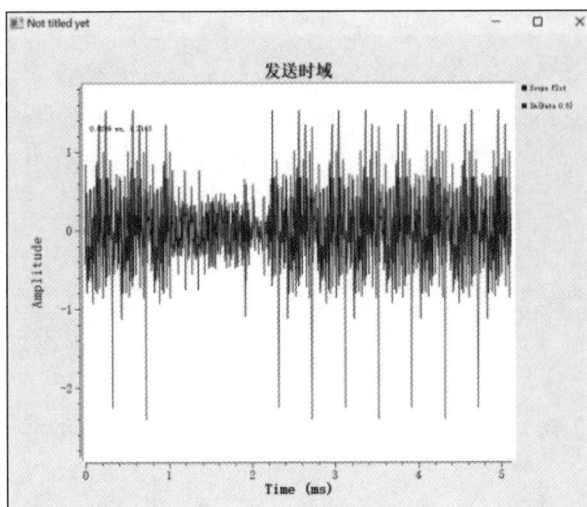

学生可尝试调整增益，更换干扰更小的频段进行尝试。

第3章 基于软件无线电的卫星 通信与对抗系统设计与实现

3.1 卫星通信系统设计与实现

卫星通信系统由空间段、地面段和用户段三部分组成：

（1）空间段：以通信卫星为主体，卫星上的转发是通信卫星的主要有效载荷，也是卫星通信结构空间段最重要的功能组成，用于接收和转发卫星通信地球站发来的信号，实现地球站之间或地球站与航天器之间通信。通信卫星主要依靠卫星上的转发器实现其通信功能。这些转发器接收并转发地球站发出的信号，实现地球站与地球站或地球站与航天器械之间的通信。

（2）地面段：卫星通信系统的地面段包括支持移动电话、各电视平台、网络运营商等用户接入卫星转发器，并实现用户间通信的必要设备。网关站是地面段的关键设备，负责连接用户和卫星通信系统。地面段还包括卫星控制中心（SCC）和跟踪、测试控制及指令站（TT&C），它们负责卫星发射阶段的指令、轨道监测、校正和异常问题监测。

（3）用户段：主要由各类终端用户设备组成，包括 VSAT 小站、手持终端、搭载在车、船、飞机上的移动终端，还有基于卫星通信的各种应用软件和服务。

不同业务类型在卫星通信系统中使用不同的无线电频段，主要包括 C 频段、Ku 频段和 Ka 频段。目前，C 频段和 Ku 频段主要用于卫星广播和固定通信业务，但由于带宽受限制且利用时间较早，频谱资源已经将近饱和。

而 Ka 频段则主要用于高通量卫星，提供海上、空中和陆地移动宽带通信。未来卫星通信领域将集中在 Q/V 频段，ITU 正在设定 NGSO 卫星通信中 Q/V 频段的频谱使用共同规则，以保证不同结构能够共存。银河航天在 2020 年 1 月成功发射了全球首颗 Q/V 频段的 NGSO 通信卫星，标志着技术的进步和发展。

3.1.1　系统设计方案

基于软件无线电平台，实现卫星链路通信，具体结构如图 3-1 所示（省略软件无线电射频和天线部分）。

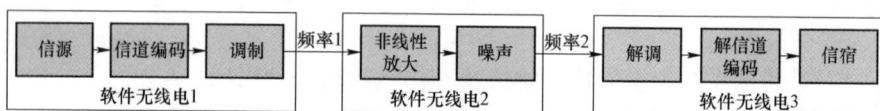

图 3-1　卫星链路通信的具体结构

软件无线电 1 模拟卫星发射端，信源产生信号后经信道编码，调制后通过软件无线电板以频率 1 发射，软件无线电 2 模拟卫星转发器，接收频率 1 信号后经非线性放大模块，增加热噪声后以频率 2 发射，软件无线电 3 模拟卫星接收端，解调，解码后还原信息。

信息传播过程可以简洁地描述为：信源→信道→信宿。其中，"信源"是信息的发布者，即上载者；"信宿"是信息的接收者，即终端用户。在传统的信息传输过程中，对信源的资格有严格的限制，通常是广播电台、电视台等机构，采用的是有中心的系统。而在计算机网络中，对信源的资格并无严格限制，任何一个上网者都可成为信源。

3.1.1.1　信源

信源是产生各种信息的实体，其输出的符号是不确定的，而且可用随机变量和统计特性来描述。信息是抽象的概念，而信源则是确切的实体。举例来说，人们交谈时，人的发声系统就是语音信源；人们阅读书籍和报纸时，被光照射的书籍和报纸就是文字信源。常见的信源还有图像信源和数字信源等。产生信号的实体称为信源，相对应地，接收信号的实体称为信宿。

1. 分类

最基础的信源是单个信息（符号）信源，可以使用随机变量 X 及其概率分布 P 来表示，通常 (X, P)。根据信源输出的随机变量结果的取值集合，信源可分为离散信源和连续信源两类。在离散信源中，随机变量 X 的取值集合为 $A=\{x_1, x_2, \cdots, x_n\}$，那么 X 值为 x_i 的概率为 P_i。例如，二进制数据信源可以表示为离散信源。而在连续信源中，随机变量 X 在区间 (a, b) 中取值，对应的概率密度为 $p(x)$。

实际信源是由最基础的单个消息信源组成的。离散时，它是由一系列消息串构成的随机序列 $X_1, X_2, \cdots, X_j, \cdots, X_l$ 来表示。电报、数据、数字等信源都是这用一种种类。而在连续时，实际信源由连续消息构成的随机过程 $X(t)$ 来表示，语音、图像等信源属于这一类型。在离散随机序列信源中，消息序列 X 的取值集合为 AL，概率分布为 $P(X)$，通常表示为 $(X, P(X))$。

离散序列信源又分为无记忆和有记忆两类。当序列信源中的不同消息相互独立时，称信源为离散无记忆信源。若同时拥有相同的分布，则称信源为离散平稳无记忆信源。

离散随机变量 X 表示着单符号离散信源（一个符号表示一完整消息，符号取值可列），X 的可能取值为信源发出的不同符号，X 的概率分布为不同符号的先验概率。

例：信源 X 的取值有 N 个，$x_1, x_2, \cdots, x_n$，称为信源字符集合，各符号概率分布为：$P(x_1), P(x_2), \cdots, P(x_n)$ 且 $2iP(x_i)=1$。

当序列信源中不同消息前后有一定关系时，称该信源为离散有记忆信源。对此类信源的描述通常比较复杂，尤其是当记忆长度较长时。然而，在很多实际问题中，只需考虑有限记忆长度，尤其是当信源序列中任一消息仅与其前面的一个消息有关时，这种情况在数学上称之为一阶马尔科夫链。在马尔科夫链中，若其转移概率与位置无关，则称为齐次马尔科夫链。如果在转移步数足够大且与起始状态无关，则称为齐次遍历马尔科夫链。数字图像信源通常使用这一模型。

连续的随机过程信源通常是复杂且难以描述的，但在实际问题中常使用以下方法处理：一种方法是将连续的随机过程信源在特殊条件下转化为离散的随机序列信源；另一种方法是把连续的随机过程信源按容易分析的已知连续过程信源处理。事实上，大多数连续随机过程信源大多满足限时(T)、限频（F）的条件。

连续的随机过程可通过有限项傅里叶级数或抽样函数转化为随机序列，其中抽样函数表达式非常通用。然而，通常情况这种转换会使得离散随机序列具有相关性，即信源具有记忆性，这给下一步分析带来一定阻碍。另一种方法是把连续随机过程展开为线性无关的随机变量序列，这种展开称为卡休宁—勒维展开。然而，由于实际操作上的困难，这种展开方法虽然在理论上具有一定价值，在实操中很少被采用。由于分析方法的限制，人们主要限制于研究平稳遍历信源和较简单的马尔科夫信源，而对随机过程处理信源的研究较少。

信源的取值为无穷且不可数的连续数值，其概率分布用概率密度函数 $p(x)$ 表示，且：

$$\int_{-\infty}^{\infty} p(x)\mathrm{d}x = 1 \tag{3-1}$$

单个连续变量信源：

$$\begin{bmatrix} X \\ P \end{bmatrix} = \begin{bmatrix} x \in (a,b) \\ p(x) \end{bmatrix}, \quad \int_{a}^{b} p(x)\mathrm{d}x = 1 \tag{3-2}$$

其中 $p(x) \geqslant 0$ 为信源输出的概率密度函数。

自上文的单一信源，也称为单用户信源，引入了多个不同互不独立或相关的信源，称为多用户信源。此举在于研究多用户信源编码，以进一步提升信源的信息率或达到其他规定目的。然而，目前研究仅限于离散无记忆信源，对于这类问题还处于研究阶段。

2. 主要性质

信源的输出是随机的，所以是概率性的。从概率统计的角度来看，信源的概率分布是其最基础、最完备的统计特征。对于离散无记忆信源，信源消息序列是在统计上独立的，因此只需了解单个消息的概率分布就能完全了解整个消息序列的联合概率分布。

但离散有记忆信源的情况却有所不同，因为它需要了解整个消息序列的联合分布，而要求掌握记忆信源的联合分布是很困难的。只有在一些特殊情况下，已知某些分布类型和某些统计参数，如均值、协方差，才能够推导出此类分布。最典型的例子就是拥有有限维度正态分布，其概率分布是由均值和协方差所共同决定的。

实际信源的分布即使是一维的也经常是未知的，通常使用直方图统计来为实际信源找到近似的概率分布。在研究实际语音、图像分布时常采用这种方法。通过采用概率分布，可以使用信息熵 $H(X)$ 来描述信源的统计特征。根据信息论的理论，对于离散信源，当信源消息序列满足相互独立、等概率分布条件，信息熵最大。而对于连续信源，则只有在一定限制条件下才会达到最大熵。

举例来说，当信号峰值功率受限时，平均分布信源的信息熵达到最大值；但信号平均功率受限时，正态分布信源的信息熵达到最大值。利用信息熵还能方便地描述有记忆信源的统计特点。根据熵的性质，无记忆的单个信息熵大于有记忆的单个信息熵，而且随着记忆长度的提升，单个信息熵逐渐减低。现实中的信源大多具备记忆效应，但在传输信源消息时经常会按照无记忆的方法处理，因此具有压缩信源的可能。

3. 实际信源

图像和语音是最普遍的主要信源。为了充分表述一幅动态立体彩色图像，需要使用一个四维的随机矢量场 $X(x, y, z, t)$，其中 x, y, z 为空间坐标，t 为时间坐标，而 X 是六维矢量，描述左右眼的亮度、色度和饱和度。然而，一般的黑白电视信号是通过对平面图像扫描而构成的。因此，上述的四元随机矢量场可以转化为一个随时间变化的随机过程 $X(t)$。图像信源的重要客观统计特点包括信源的幅度概率分布、自相关函数或功率谱。

图像信源的幅度概率分布经过了大量的统计和分析工作，但仍未得出相同的结论。就图像的自相关函数来说，实验证明其总体上按负指数型分布，而指数的衰减速度则全部取决于图像类型和细节构成。由于信源的信号处理常常在频域进行，因此可以通过傅里叶变换将信源的自相关函数转化为功率谱密度。也可以直接测试功率谱密度。

语音信号一般可以用随机过程 $X(t)$ 来表示。语音信源的统计特点包括语音的幅度概率分布、自相关函数、平均功率谱还有共振峰频率分布等。实验结果表示，语音的幅度概率分布可用伽马（γ）分布或拉普拉斯分布来近似地描述。语音信号的自相关函数也可以大约地看成负指数分布，且相邻样点之间的相关性高，通常达到 0.9 及以上。平均功率谱测试显示，语音的主要能量稳定在 1 千赫以下。语音的共振峰频率是功率谱的主要峰值，其数量并不单一，且其数值随音调变化有一定范围。本研究对汉语和英语的共振峰分布已经进行了一些测试。

3.1.1.2　编码

编码是把信息转换为信号的过程，它遵循特定的符号和信号规则。首先，将信息含义用符号排列的过程称为编码，这通常被认为是编码的第一部分。第二部分是将已编制的符号转化成适用于信道传输的信号序列，便于信道中传递，如声音信号、电信号、光信号等。例如，当初始信息源产生一篇文章，要通过电报传输时，就需要进行编码，把其转换成电报密码的信号，然后在信道中才能传输。译码则是对信息进行转换，其过程与编码过程完全相反，第一步是将信号转化为可理解的信息，如文字、语言等，第二步译码是将信息还原为原本的含义的过程。

1. 分离编码方案

分离编码是一种基础的编码方式，它将信源编码和信道编码完全分离成两个独立的模块来考虑。信源编码主要分为有损压缩和无损压缩两种类别，目的是对发送端信号进行压缩，来减少数据冗余。图像传输中普遍的冗余包括编码、视觉和像素间冗余，信源编码的目的即是清除这三类冗余。

常见的有损图像编码标准如 JPEG、JPEG2000 等，为了达到更高的压缩比，这种信源编码通常会容忍一定程度的图像失真。有损编码主要去除视觉冗余信息，导致源信号量减少，同时提供更高的压缩效率。信道编码则是在信源编码后增加保护信息，以抵御信道噪声的干扰。

2. 信源编码

信源编码包含三个独立的处理模块变换、量化和熵编码，他们分别用于压缩不同的数据冗余，以 JPEG2000 信源编码为例，图 3-2 为信源编码的处理流程图。

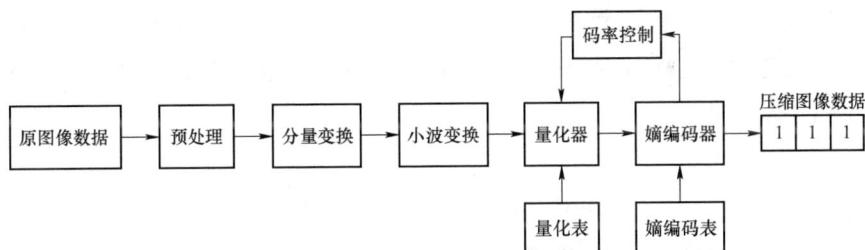

图 3-2　JPEG2000 信源编码流程

原始图像经过变换模块，如小波变换器，将图像转换到空间域以压缩像素间冗余，降低数据冗余；接着通过量化模块降低视觉间冗余，将系数值收敛到有限集合中；最后通过编码模块，如哈夫曼编码器，将信号编码为最短码字，减少编码冗余，输出压缩图像。JPEG2000 的流程简述如下：

数据偏移和归一化处理：使用数据偏移和归一化处理是为了提高图像压缩效率和减少失真。数据偏移计算：

$$I(x,y) = I(x,y) - 2^{B-1} \qquad (3\text{-}3)$$

B 表示分量样本值 $I(x,y)$ 的位数，其中 $O \leqslant I(x,y) < 2\char`^B$。数据偏移是将每个像素值减去一个由原始图像中的最小值和最大值计算得出的偏移量。归一化处理则是将数据偏移后的像素值除以一个归一化因子，以将像素值范围缩放到特定区间内，通常为 0 到 1 或 −1 到 1 之间。这个归一化因子是根据原始图像中的最大像素值和偏移量计算得出的。归一化处理的计算结果如下：

$$I(x,y) = \frac{I(x,y)}{2^B} \qquad (3\text{-}4)$$

图像的二维离散小波分解和重构过程主要用于将原始图像分解为多个尺度和频率的子带，以便更好地处理和压缩图像。在 JPEG2000 中，小波变换包括以下两个主要步骤：首先选择合适的小波滤波器，通常选用 Daubechies 小波滤波器；然后逐步将原始图像分解为水平和垂直方向的低频子带和高频子带，直到达到所需的分辨率。例如，HL 代表第一步分解过程中水平方向上的高频和垂直方向上的低频。

在进行量化之前需要选择一个适当的量化步长，通常选取一个正整数。量化步长越大，压缩比越高，但压缩后的图像质量也会降低。JPEG2000 标准采用均匀量化算法。

$$q_b(u,v) = \mathrm{sign}\left[a_b(u,v)\right]\left|\frac{a_b(u,v)}{\Delta b}\right| \qquad (3\text{-}5)$$

子带 b 内有的变换系数为 $a,(u,v)$，$q,(u,v)$ 为其量化值，Δb 为量化阶[12]，可由下式求出：

$$\Delta b = 2^{R_b - \varepsilon_b}\left[1 + \frac{u_b}{2^{11}}\right] \qquad (3\text{-}6)$$

此处 R 取决于信源的编码位数，ε 和 u 为分配给子带系数指数和尾数的比特数。

编码：对量化好的信息流进行编码可以采用 Huffffman 编码方式。

3.1.1.3　信道

信道是一种通道，它可用于信息传递，还可以传输、存储和处理信号。信道的主要问题是其容量大小，要求用最大速率输送最大信息量。

信道分为调制信道和编码信道，分别适用于调制系统和数字通信系统中的信道编码研究。

1. 信道容量

信道容量是描述信道所能传输的最大信息量的一个参数，它与信源无关。互信息的最大值一定存在于不同的输入概率分布中，信道的容量就是这个最大值。确定了转移概率矩阵之后，也确定了信道容量。尽管信道容量的定义与输入概率分布有关，然而其数值与输入概率分布没有关联。实验信源被我们称为不同的输入概率分布，对于不同的试验信源，有不同的互信息。在这些试验信源中一定存在一个使得互信息达到最大的情况，这个最大值即为信道容量。

在单位时间内信道可以传输的二进制位数量，也就是信道的数据传输速率，一般可用信道容量：位/秒（bps）表示。信道容量是信道本身的特性，不应该受输入分布的影响。通过选择最优的输入分布，可以使得互信息取得最大值，这个最大值即为信道的容量。

$$C(Q) = \max_{P_x} I(X; Y) \tag{3-7}$$

使 $I(X; Y)$ 取到最大值的输入分布称为最优输入分布。

有两种不同的度量单位可以表示离散信道容量，用每个符号能够传输的平均信息量最大值表示信道容量 C 是其中一种：

$$C = \max_{\{p(x)\}} \left[H(x) - H(x/y) \right] \tag{3-8}$$

用单位时间（秒）内能够传输的平均信息量最大值表示信道容量 C 是另外一种。

$$C = \max_{\{p(x)\}} R = \max_{\{p(x)\}} r[H(x) - H(x/y)] \tag{3-9}$$

也有两种不同的计量单位可表示连续信道容量，只介绍按单位时间计算的容量。

令输入信道的加性高斯白噪声功率为 N（W），信道的带宽为 B（Hz），信号功率为 S（W），则可以得出，此信道的信道容量为：

$$C_t = B \log_2 (1 + \frac{S}{N}) \tag{3-10}$$

BSC 信道：$C(Q) = 1 - H_2(f)$ bits，最优输入分布为均匀分布。

BEC 信道：$C(Q) = 1 - f$ bits，最优输入分布为均匀分布。

噪声打字机信道：$C(Q) = \log 9$ bits，最优输入分布为均匀分布。

Z 信道的特点是，虽然最优输入分布和容量都有显式解，但是计算起来十分复杂。图 3-3 的 MATLAB 代码可以绘制不同 f 下互信息与 p_1 的关系，以及最优的 p_1 和信道容量。

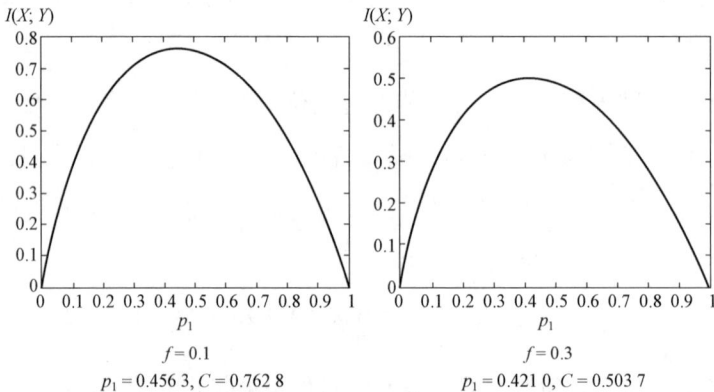

$f = 0.1$
$p_1 = 0.456\,3,\ C = 0.762\,8$

$f = 0.3$
$p_1 = 0.421\,0,\ C = 0.503\,7$

图 3-3　MATLAB 代码

对称信道的特点是其转移概率矩阵具有对称性，每行是其他行的置换，每列是其他列的置换。其容量 $C(Q) = \log|Ay| - H(r)$ bits，其中 $H(r)$ 为矩阵中行代表的概率分布的熵。最优输入分布为均匀分布。

转移概率矩阵满足每行是其他行的置换，每列之和相等是弱对称信道的性质。其容量与对称信道相同，$C(Q) = \log|Ay| - H(r)$ bits。最优输入分

布同样为均匀分布。

并联信道的信道容量为各信道的容量之和，如图 3-4 所示。

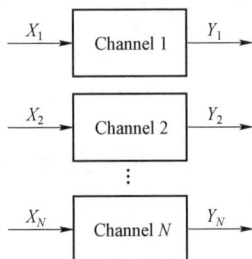

图 3-4　并联信道的信道容量

串联信道的容量有如下特性，如图 3-5 所示。

$$I(X;Y) \geqslant I(X;Z) \tag{3-11}$$

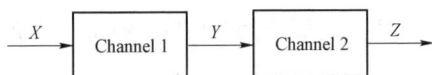

图 3-5　串联信道的容量

一系列 n nn 个噪声级别为 f ff 的 BSC 信道串联。总的转移概率矩阵为：

$$Q = \prod_{i=1}^{n} Q_i = \frac{1}{2} \begin{bmatrix} 1+(1-2f)^n & 1-(1-2f)^n \\ 1-(1-2f)^n & 1+(1-2f)^n \end{bmatrix} \tag{3-12}$$

$$\lim_{n \to \infty}(Q) = \begin{bmatrix} 0.5 & 0.5 \\ 0.5 & 0.5 \end{bmatrix} \tag{3-13}$$

相当于 f=0.5 f=0.5 f=0.5 的 BSC 信道，其容量为 0。说明当串联信道的数目趋于无穷时，总体上已经完全无法传递信息了，如图 3-6 所示。

图 3-6　串联信道的数目

2. 信道带宽

信道带宽是由允许通过信道的信号频率范围来定义的，即限定了信号的频率通带范围。例如，若一个信道的通带为 1.5 kHz 至 15 kHz，那么这个信道的带宽就是 13.5 kHz。对于上述情况，信道可以完全通过方波信号的所有频率成分。通过这种信道传输的信号不会失真即使在不考虑衰减、时延以及噪声等因素的情况下。

信道带宽：$W=f_2-f_1$。

信道能通过的最低频率是 f_1，信道能通过的最高频率为 f_2。两者都是取决于信道的物理特性。

任何复合信号都可以通过该信道传输的条件要满足信号的最低频率分量和最高频率分量都位于信道的频率范围内。具有频率为 1.5 kHz、4 kHz、6 kHz、9 kHz、12 kHz、15 kHz 等频率，并且在信道带宽范围内的不同单频波也能通过该信道。然而，如果在信道传输中通过以 1 kHz 为基频的方波信号，必然会产生严重失真；若基频为 2 kHz，但最高谐波频率为 18 kHz，超出了信道的带宽，信道会滤除 9 次谐波，导致接收到的方波质量下降。那么，如果方波最高频率是 11 次谐波的 5.5 kHz，信号基频为 500 Hz，只需 5 kHz 远小于信道带宽的 5 kHz 带宽，是否可以通过信道传输呢？实际上，在信道传输过程中，基频会被滤除，只有各次谐波才能通过。

在 Wi-Fi 中，一般信道的带宽是 22 MHz。但是，实际使用中，因为其中有 2 MHz 是隔离频带，起保护作用，所以有效的带宽是 20 MHz。

20 MHz 信道带宽对应的是 65 M 带宽，它的特性是穿传输的距离远（100 m 左右）且穿透性好。

40 MHz 信道带宽与 150 M 带宽对应，它的传输的距离较近（50 m 左右）且穿透性差。

3. 信道调制

RS 编码是一种具有高纠错能力和编码效率的线性分组码。它采用（m，n，k）的编码结构，通过增加监督位来保证传输的误码率。在 RS 码中，每

个码元由 m 个 bit 组成，编码后的码字长度为 n，信息位的长度为 k。[14]当输入信号中的一个或多个信息位出现错误时，RS 码就会出现一个误符号，因此具有强大的纠正突发错误能力。[15]

卷积码是一种二进制非线性分组码，不再对输入数据进行分组编码，而是将原始信息码完全打乱编码，具有较高的编码增益和数据传输效率。以（n，k，N）卷积码为例，k 个 bit 信息位被编码成 n 个 bit，但这 n 个 bit 不仅仅与当前的 k 个 bit 信息有关，还与之前 $N-1$ 个码组的信息位有关。这种做法增加了码元之间的关联性，随着参数 N 的增加，卷积码的纠错能力也会增强，可以有效应对随机错误。[15]

交织技术是一种时间/频率扩展技术，它能在不增加冗余码的情况下，将突发错误分散成随机错误。通过这种方法，交织技术在不增加带宽的情况下，提高了系统的抗干扰能力，尤其是对瑞利衰落信道中常见的成串比特差错有更好的处理效果，有利于改善系统在衰减信道下的抗干扰性能。[15]

在 RS+交织+卷积级联编码方式中，RS 作为外码处理突发错误，卷积码作为内码解决随机错误。在编码过程中，RS 编码后的数据经过交织器重新排序，将突发错误在时间上扩散成随机错误，然后送入卷积编码器进行处理，从而减轻了对纠错编码的纠错能力要求。在解码过程中，内码无法纠正的单个 bit 错误和突发错误会在外码译码阶段转化为单个或多个符号错误，在外码译码的同时进行进一步纠正，进一步加强了对解决突发错误的能力[15]。

3.1.2　实验方法与效果——卫星通信系统实验

实验流程

发射流程图：

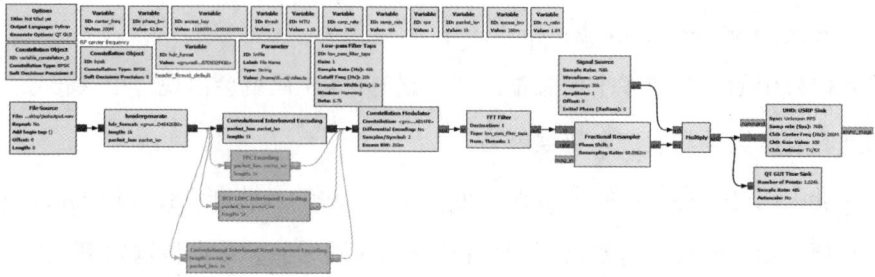

接收流程图:

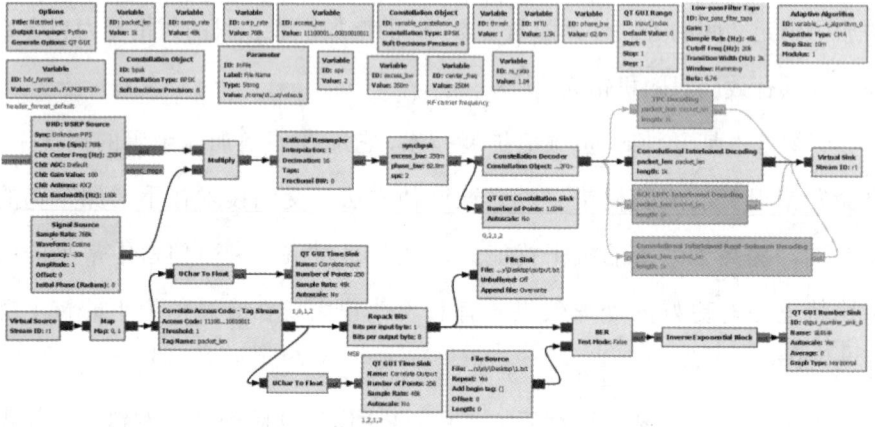

变频流程图:

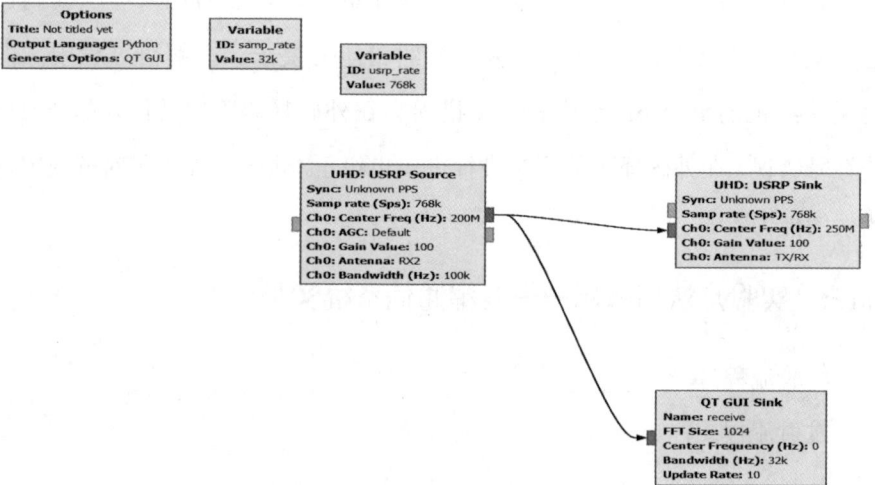

模块介绍

（1）"Headergenarate"模块：在处理数字信号时，使用特定的协议或格式来包装数据，以便在传输或存储时进行识别和解析。

（2）"Convolutional Interleaved Encoding"模块：（卷积交织编码）是一种常见的数字通信技术，用于数据传输中的错误纠正和数据保护。在数字通信系统中，Convolutional Interleaved Encoding 通常与调制技术结合使用，以提高数据传输的可靠性和抗干扰能力。

（3）"TPC Encoding"模块：实现 TPC 编码。

（4）"BCH LDPC Interleaved Encoding"模块：BCH 和 LDPC 编码以及交织。

（5）"Convolutional Interleaved Read-Solomon Encoding"模块：实现卷积交织 RS 编码。

（6）"Constellation Modulator"模块：将数字数据流转换为基于星座图的调制信号。可以指定要使用的星座图、调制方式（如 BPSK、QPSK、16-QAM 等）以及其他调制参数。该模块将输入的数字数据流映射到星座图上的符号点，并将其转换为相应的调制信号。

（7）"FFT Filter"模块：用于基于快速傅里叶变换（FFT）的滤波器设计和实现。可以指定滤波器的参数，如滤波器类型（低通、高通、带通、带阻）、截止频率、滤波器长度等。该模块将使用 FFT 算法计算滤波器的频域响应，并将其应用于输入信号以实现滤波效果。常用于信号处理中的滤波操作，如去除噪声、降低干扰、提取特定频率成分等。

（8）"Rational Resampler"模块：当需要进行不同采样率之间的转换时，可以使用"Rational Resampler"模块。该模块可以将输入数据流进行抽取或插值，以实现采样率的变化。它通过使用滤波器和插值技术，将输入流的采样点重新排列，以适应输出流的采样率。

（9）"Multiply"模块：用于信号处理任务中，如数字调制、滤波、混频等。它可以对两个信号进行乘法运算，对信号的幅度和相位产生影响。

（10）"UDP：USRP Sink"模块：向 USRP 设备发送信号。

（11）"UHD：USRP Source"模块：从 USRP 设备接收信号。

（12）"Signal Source"模块：余弦波与 UHD：USRP Source 模块的输出相乘，进行频谱搬移。

（13）"syncbpsk"模块：实现同步 BPSK。

（14）"Constellation Decoder"模块：用于从接收到的调制信号中解调出对应的数字数据符号。可以有效地恢复出发送端发送的数字数据，从而实现可靠的数据接收和解调过程。

（15）"Convolutional Interleaved Decoding"模块：实现卷积交织解码。

（16）"TPC Decoding"模块：实现 TPC 解码。

（17）"BCH LDPC Interleaved Decoding"模块：实现 BCH 和 LDPC 编码以及交织的解码。

（18）"Convolutional Interleaved Read Solomon Decoding"模块：卷积交织 RS 解码。

（19）"Map"模块：将差分解码器中的符号转换为传输的原始符号。

（20）"Correlate Access Code-Tag Stream"模块：关联访问代码-标记流，检查指定访问代码的输入，一次一位。

（21）"Repack Bits"模块：打包比特流，将输入流中的位重新打包到输出流的位上。此处实现将 8 个比特打包成一个字节。

（22）"BER"模块：BER 代表比特错误率（Bit Error Rate）。比特错误率是衡量数字通信系统性能的重要指标，它表示在传输过程中每个比特中发生错误的概率。通常情况下，比特错误率越低，表示通信系统的性能越好。

（23）"Inverse Exponential Block"模块：逆指数块。

实验步骤

首先启动变频模块：

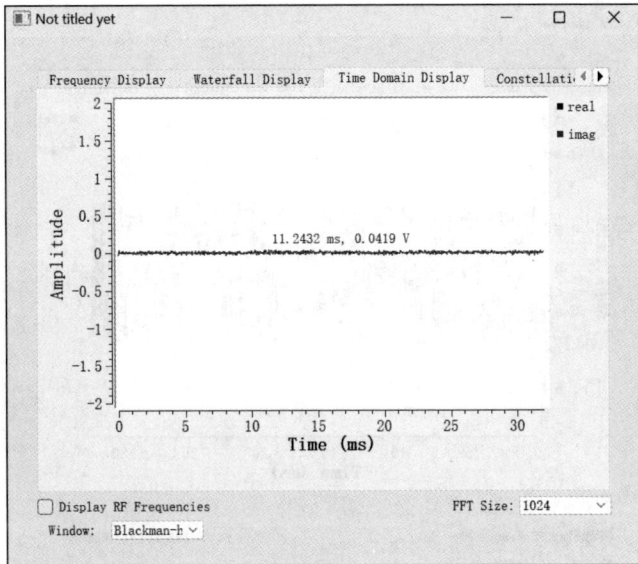

此时为未收到变频信号时的时域波形。

随后启动接收模块。

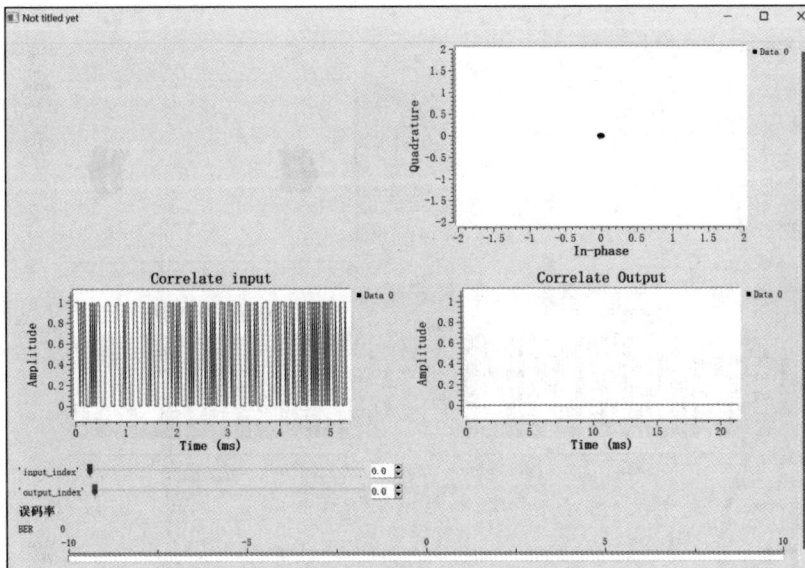

　　注意：接收端的频段为变频之后的频段，此时变频无输入，故而接收端没有收到信号，随后启动发送端模块。

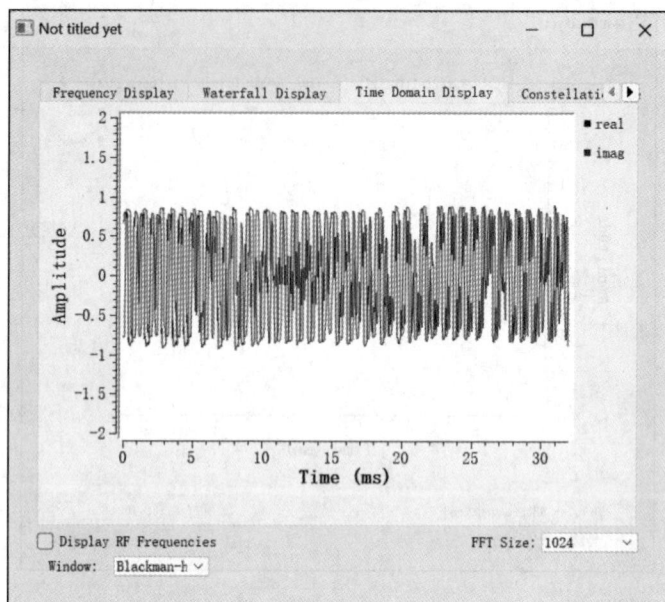

此时为收到变频信号后的变频模块波形，如果信号码形波动极大，说明此频段干扰很大，建议更换频段。

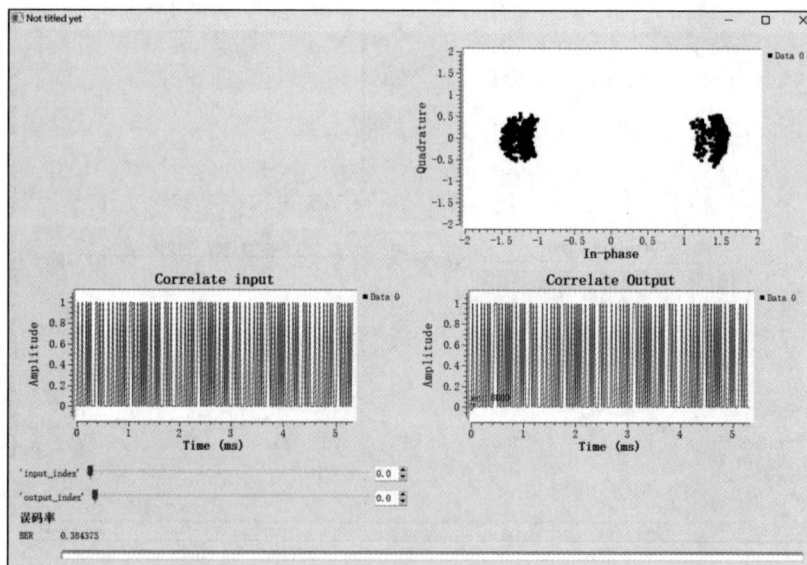

这时接收端在变频后的频段收到了信号。

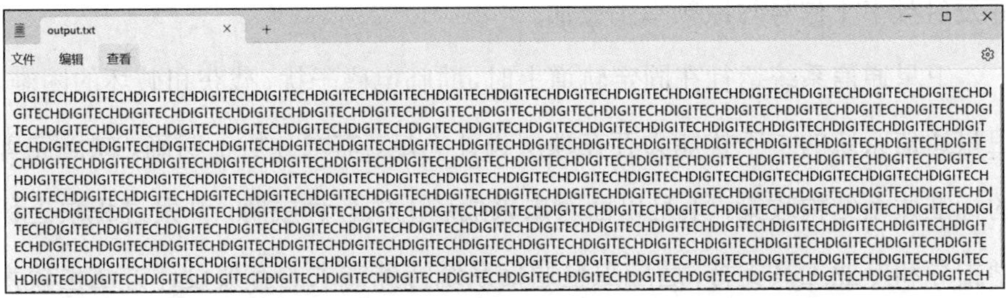

output.txt

文件 编辑 查看

DIGITECHDIGITECHDIGITECHDIGITECHDIGITECHDIGITECHDIGITECHDIGITECHDIGITECHDIGITECHDIGITECHDIGITECHDIGITECHDIGITECHDIGITECHDIGITECHDIGITECHDI
GITECHDIGITECHDIGITECHDIGITECHDIGITECHDIGITECHDIGITECHDIGITECHDIGITECHDIGITECHDIGITECHDIGITECHDIGITECHDIGITECHDIGITECHDIGITECHDIGITECHDIGI
TECHDIGITECHDIGITECHDIGITECHDIGITECHDIGITECHDIGITECHDIGITECHDIGITECHDIGITECHDIGITECHDIGITECHDIGITECHDIGITECHDIGITECHDIGITECHDIGITECHDIGIT
ECHDIGITECHDIGITECHDIGITECHDIGITECHDIGITECHDIGITECHDIGITECHDIGITECHDIGITECHDIGITECHDIGITECHDIGITECHDIGITECHDIGITECHDIGITECHDIGITECHDIGITE
CHDIGITECHDIGITECHDIGITECHDIGITECHDIGITECHDIGITECHDIGITECHDIGITECHDIGITECHDIGITECHDIGITECHDIGITECHDIGITECHDIGITECHDIGITECHDIGITECHDIGITEC
HDIGITECHDIGITECHDIGITECHDIGITECHDIGITECHDIGITECHDIGITECHDIGITECHDIGITECHDIGITECHDIGITECHDIGITECHDIGITECHDIGITECHDIGITECHDIGITECHDIGITECH
DIGITECHDIGITECHDIGITECHDIGITECHDIGITECHDIGITECHDIGITECHDIGITECHDIGITECHDIGITECHDIGITECHDIGITECHDIGITECHDIGITECHDIGITECHDIGITECHDIGITECHDI
GITECHDIGITECHDIGITECHDIGITECHDIGITECHDIGITECHDIGITECHDIGITECHDIGITECHDIGITECHDIGITECHDIGITECHDIGITECHDIGITECHDIGITECHDIGITECHDIGITECHDIGI
TECHDIGITECHDIGITECHDIGITECHDIGITECHDIGITECHDIGITECHDIGITECHDIGITECHDIGITECHDIGITECHDIGITECHDIGITECHDIGITECHDIGITECHDIGITECHDIGITECHDIGIT
ECHDIGITECHDIGITECHDIGITECHDIGITECHDIGITECHDIGITECHDIGITECHDIGITECHDIGITECHDIGITECHDIGITECHDIGITECHDIGITECHDIGITECHDIGITECHDIGITECHDIGITE
CHDIGITECHDIGITECHDIGITECHDIGITECHDIGITECHDIGITECHDIGITECHDIGITECHDIGITECHDIGITECHDIGITECHDIGITECHDIGITECHDIGITECHDIGITECHDIGITECHDIGITEC
HDIGITECHDIGITECHDIGITECHDIGITECHDIGITECHDIGITECHDIGITECHDIGITECHDIGITECHDIGITECHDIGITECHDIGITECHDIGITECHDIGITECHDIGITECHDIGITECHDIGITECH

至此，完成卫星通信系统的实验。

可自由选择变频频段，但注意发送、变频、接收的频段需要严格对准，彼此之间需要注意此频段是否被周围的人所使用。

3.2 干扰和对抗链路设计实现

3.2.1 系统设计方案

基于通信链路，实现干扰和对抗链路，具体结构如图 3-7 所示（省略软件无线电射频和天线部分）。

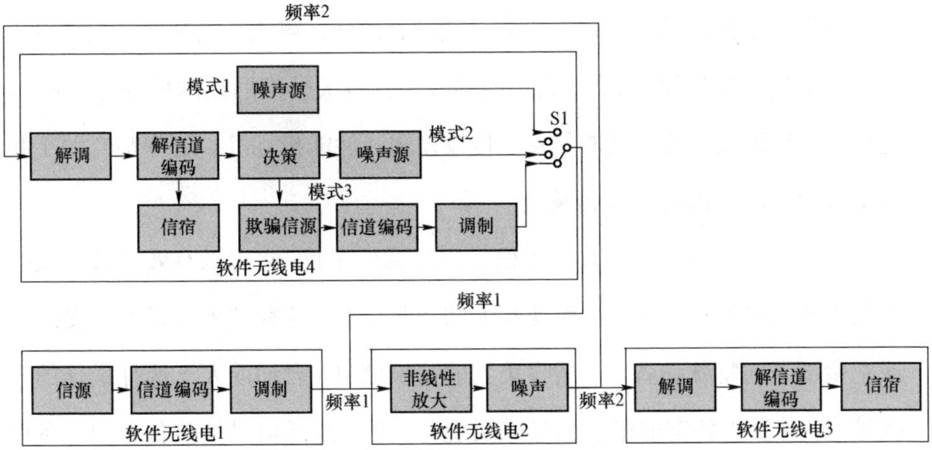

图 3-7 干扰和对抗链路

增加软件无线电4模拟监视和干扰欺骗系统,接收频率2中的通信信号,并发射频率1信号与原频率1叠加。

卫星通信系统运行在固定轨道上时,面临电磁干扰、截获和破坏的困难。卫星通信系统的抗干扰能力存在顶层设计不足、需求分析不明确、缺乏完善的标准体系结构政策;不足以面对未来战场上的各种威胁,开发过程缺乏科学指导和专业工具支持;适应卫星通信系统特殊需求的有效设计方法也较为缺乏。

由于存在诸多挑战,卫星通信系统无法有效抵御未来的干扰,其开发效率极低,从而阻碍了不同军兵种之间的有效沟通与协作。

3.2.1.1　卫星通信系统对抗的内容及功能

通过卫星通信对抗,我们可以有效地抑制敌方卫星通信系统的功能,同时确保自身卫星通信系统的正常运行。这种战术技术手段和行动的核心在于,我们可以利用电磁波的优势,来控制无线电频谱,从而实现我们的目标。卫星通信技术可以用来进行侦察、测向和干扰等多种应用,从而提高军事作战效能。

卫星通信侦察旨在发现、检测、拦截、评估、辨认、记录、追踪来自外部的卫星的无线传输。此外,它还能够收集到有关外部的技术指标,如频段、电压、传输模式、接收机的位置、传输模式、性能指标等,这些都有助于我们更好地控制外部的无线传输。

一种有效的卫星通信攻击手段是卫星通信干扰,它可以有效地破坏或扰乱敌方的卫星通信系统,从而使其无法正常运行,这种技术可以通过在地面或空中部署的特殊设备,根据收集到的情报信息,自动或人工选择最佳的干扰策略,并发出特定的干扰信号来实现。一个卫星通信对抗装备必须具备以下功能:

1. 对卫星通信信号的搜索与截获

为了确保卫星通信侦察设备能够有效地捕捉到信号,必须具备频率搜索和方位搜索功能,这就要求它们在三个方面进行校准:首先,它们的工作频率必须与信号频率一致;其次,它们的最大接收方向必须与信号的来源方向一致;最后,它们的信号电平应该高于侦察接收机的灵敏度。

2. 测量卫星通信信号的技术参数

技术指标包括信号频率、电平、传输带宽、数据传输速度、跳频频段等。

3. 测向、定位

使用卫星通信对抗测向设备,能够准确测量信号的方向,从而获取有关敌对卫星通信系统的信息,包括远程指挥中心、地面观测点等,分析敌对卫星通信网络结构,指挥其进行有效的干预。

4. 对信号特征进行分析、识别、存储

信号特征由调制技术、通信架构、对手设备性能和卫星通信网络的结构和位置分布共同决定。这些信息需要卫星通信对抗装备的实时显示和存储,并支持过程重演。

5. 控守监视

对于已被拦截的敌方卫星通信信号,必须密切监控它们的变化和运行情况,这是支援侦察的关键任务。为了确保侦察的有效性,必须持续不断地进行监测,并在必要时采取干预措施。

6. 引导干扰

在进行支援侦察时,自适应地产生或人工选择最佳干扰对策是至关重要的。这种对策需要考虑多个因素,包括干扰样式、信号类型、功率水平、方法、时机以及持续时间。该系统可以自动调节干扰参数,引导干扰机采用压制、欺骗或梳状谱式技术,以达到预期的目的。在干扰过程中,系统将持续

监测信号的变化，并且可以根据不同的威胁等级，对多个敌方卫星通信目标进行有效的搜索和监控。一旦检测到目标信号，就应该立即启动干扰机来进行有效的干扰。

7. 干扰天线

要想获得更高的有效辐射功率，就必须精确地定位干扰目标，从而达到有效干扰干扰天线产生的窄波束主轴线的指向。

3.2.1.2 卫星通信干扰目标分析

"软杀伤"的军事目标就在于利用卫星通信技术来进攻敌方，这些技术由遥控遥测指挥中心、高速传输链条、高精度传输单元、高灵敏度传输单元、无人机等部件构成，并与地面的其他卫星相连。

1. 干扰遥控遥测指令分系统

为了保证卫星的安全运行，必须定期接收来自外界的遥控遥测指令。这样，当敌方测控中心发出遥控信号或者卫星反应信号时，我方的通信对抗设备就能够及时发现并捕获这些信息。这可能会完全破坏敌方遥控遥测系统的接收，使其无法获取卫星的状态信息或发出正确的遥控指令，是因为提取敌方信号的参数、并选择最佳的干扰途径，都需要它截获的信息。

卫星的位置和工作状态可能无法正确控制，导致失控状态，是因为它的遥控指令受到干扰。为了获得重大的军事优势，可以采取欺骗性的干预措施，改变卫星的运行轨迹、调节天线的波束角度，甚至关闭它们，以达到最终的目的。

2. 干扰上行线路

因为卫星通信的复杂性，采用电子攻击来破坏敌人的卫星通信网络是一种非常有效的策略。这种策略不仅能够单独破坏一条通信连接，还能够覆盖更广泛的范围，并且能够有效地降低整个网络的传输效率。由于地表的传输效果受到噪声的干扰，加上接收器的灵敏性有限，从而使得从地面检测卫星的上行信号变得极具挑战性。但是，一种有效的解决方案就是采用频率引导技术，即将下行的信号转换为上行的信号，从而获取更准确的检测结果。另一种方法则是，借助无人机、卫星侦测站等空间设备，对卫星的上行信号进行监测，从而获取更多的有价值的数据。

为了更加有效地抑制卫星上行信号，建议使用空中平台干扰站。这种设备可以将其发射的天线主瓣完全覆盖住敌方的接收机，从而大大降低了传输的噪声，并且可以更快速、更精确地捕捉和处理上行信号。通过使用各种技术手段，如无人机、飞船和星载干扰站，可以渗透到对手的卫星接收天线的外壳中，并利用对手的高频干扰来干扰我方的数据。

3. 干扰下行线路

通过干扰下行通信线路，可以有效地破坏卫星传输至地面终端的信号，从而阻断接收端之间的通信，达到破坏其信息传输的目的。

最好采用升空平台来进行对敌方卫星下行信号的侦察。利用无人机等升空平台可以对敌方卫星发射天线主瓣所辐射的地区进行全覆盖，当机载接收设备的灵敏度近似于敌方卫星地面终端设施时，就能有效地侦察敌方的下行信号。在使用地面侦察设备进行侦查时，如果侦测天线无法精确定位到敌方卫星的主瓣，那么任务就会变得极其艰巨，因为副瓣的电平要远低于主瓣的电平。

通过在远处安装空中平台，能够有效抑制来自卫星的下行信号。由于该类型的干扰站位置较为偏僻，其覆盖范围更加宽泛，因此它们能够有效将干扰信号聚焦在敌军的接收机上。如果干扰的力度足够强，它们就能让敌军的接收机的输出变得过度，从而影响其工作状态。尽管采用了先进的技术，如大功率、高增益的天线，但是在考虑长途传输损耗和地物障碍的情况下，仍然无法确保获得理想的干扰效果。

4. 干扰转发器

转发器是用来传输地球站信号的重要设备，它们可以用于连接各种通信卫星，并且可以分为透明型和处理型两大类。

当透明转发器接收到来自地面的信号时，它仅通过降噪、调节速度以及增加功耗来实现，以便保持原有的状态，从而实现转换。但是，由于上行的干扰，它的功耗很快就达到了极限，从而引起了严重的非线性，从而降低了信噪比，从而影响了整个系统的运行。与传统的传输方式相比，处理转换器既可以将数据传输，也可以对数据进行分析，从而提取出更多的信息。这些数据可以通过解码、变换、增益等技术被传输至目标设备。

当前的干预技术不仅能够识别并抑制传输中的噪声，还具有更强的抗噪声性，从而提高了传输效率。此外，还有一种新的方法，称为步进式相位抑制或最大互斥抑制，它不仅可以抑制传输中的噪声，还不会消耗太多的电力。通过采用多种载波干扰技术，正交跳频处理型转发器能够被有效地抑制，并形成复杂的混杂干扰，这样就能够有效地影响跳频解调信号，实现其有效性。

5. 综合对抗

鉴于当前的卫星通信竞争日益激烈，越来越多的反干扰技术，如扩展频率、安全性检测、多种干扰手段的结合使用，以及混合式干扰，以有效地抑制来自不同轨道的干扰。未来，我们可以利用多种干扰手段，实现更高效、更安全的卫星通信。

3.2.1.3　干扰方式分析

卫星通信系统可以采用多种不同的抗干扰技术，其中最常用的是窄带瞄准式和梳状谱拦阻式，这些技术可以有效地抵御各种外部干扰，保证卫星通信的正常运行。

采用窄带瞄准式干扰技术，可以有效地将频谱中的能量聚焦到一个特定的范围内，从而实现远距离的有效干扰。在特定条件下，可利用大功率使目标接收机放大器饱和或降低增益，从而影响接收机性能。通过侦察接收机检测到敌方卫星信号，我们可以使用多种干扰手段来抵御，包括单独的干扰和混合的干扰。干扰频率与受干扰信号频率的精准匹配是窄带瞄准式干扰效果的重要因素。

在卫星通信系统中，地面站使用特殊的信号传输模型，并且使用多个不同的连线。如果在通信过程中遇到障碍，系统会自动选择适合的频率范围、转换设备和扩展编号，从而实现快速的数据传输。

在这种情况下，只有采用梳状谱拦阻式干扰才能达到良好的效果，而窄带瞄准式干扰对其影响较小。现今，在军事用途上也会使用一部分民用卫星的转发器。尽管全频段拦阻式干扰在非战争期间可以起到一定的防护作用，但是在战争期间，它的应用就显得不够灵活了。梳状谱干扰的出现，使得敌方卫星通信中的任何一条信道都可能受到干扰，从而导致接收机受到影响，从而引发纠纷。由于干扰信号与通信信号在时间和频率上存在重叠，接收机很难从中分离出有用的信息。

3.2.1.4　卫星通信对抗关键技术

1. 卫星通信的侦察识别技术

为了有效地干扰卫星通信，现代军事卫星通信信号必须采用多种数字调制方案、多址工作方案、跳扩频谱设计等，以满足其对频率覆盖率、灵敏度和频率分辨率的要求，同时还需要具备多种信号的截获、解调和实时处理功能，以便更好地识别、分析和提取相关特征参数。

2. 宽带大功率合成技术

鉴于无法确保干扰信号准确地对准敌方卫星通信天线的主瓣，提升干扰功率就显得尤为重要。因此，采用功率合成技术可以获得更大的输出功率，设计出更具有高效性和宽带性的发射机，以增强进入敌方天线主瓣的干扰信号能量，从而达到有效的干扰目的。

3. 干扰天线技术

干扰站需具有大量有效辐射功率，并保证绝大部分干扰功率进入敌方卫星通信天线主瓣，才能进行有效干扰。为了确保卫星通信的安全性，所使用的干扰天线应当拥有良好的性能，包括宽带、高效、高增益以及可控的波束尺寸。该设备还应当能够提供极佳的指向性能，以确保测量结果的可靠性。

4. 其他技术

在卫星通信中，一些关键的技术手段可能会被用来抵御干扰，这些手段可能是：使用自动补偿的天线系统来抑制干扰；利用低信噪比的副瓣来侦察和干扰点波束；使用频率指示器来指示下行和上行的信号。

3.2.1.5 基本模型

1. 无线紫外光非直视通信

在图 3-8 中，可以看到一个用于传输无线紫外光的 NLOS 通信模型。在这个模式下，T_x 代表了发出的波长，R_x 代表了接受的波长，每个波长的发散角都是 ϕ_1，波长的仰角都是 θ_1，波长的视场角都是 ϕ_2，波长的仰角都是 θ_2，波长的有效散射体都是 V，波长的发出波长都是 r，波长的有效散射的距离是 r_1，波长的有效散射的距离是 r_2。T_x 将紫外线传输到 V，然后经历一系列的散射反应，最后被 R_x 检测到，从而实现了一次高质量的通信。

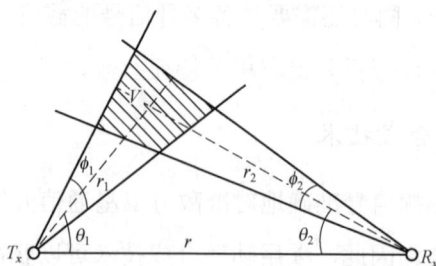

图 3-8 紫外光 NLOS 链路

无线紫外光 NLOS 通信模型接收端所接收到的路径损耗的功率为：

$$P_{NLOS} = \frac{P_t A_r K_s P_s \phi_2 \phi_1^2 \sin(\theta_1 + \theta_2)}{32\pi^3 r \sin(\theta_1)\left[1 - \cos\left(\dfrac{\phi_1}{2}\right)\right]} \tag{3-14}$$

$$\exp\left[-\frac{K_e r(\sin\theta_1 + \sin\theta_2)}{\sin(\theta_1 + \theta_2)}\right] \tag{3-15}$$

根据给定的公式，P_t 是发出的能量，A_r 是接受的孔隙面积，K_s 是辐射系数，K_e 是衰变系数，$K_e = K_a + K_s$ 是吸光系数，P_s 是 θ_s 的相函数，θ_s 是指物质从一个特定的位置开始，而 r 则是从一个位置开始，物质从另一个位置开始的距离。

2. 无线紫外光干扰链路模型

图 3-9 揭示了一种新的共面干扰模型，它由 T_{x1} 和 R_x 组成，它们之间的共面干扰散射体为 V_1，它们的发射端分别位于同一平面，而且它们的交点也位于 R_x 的锥体上。这种模型可以有效地抑制 NLOS 通信的共面干扰，从而提高信号的传输效率。

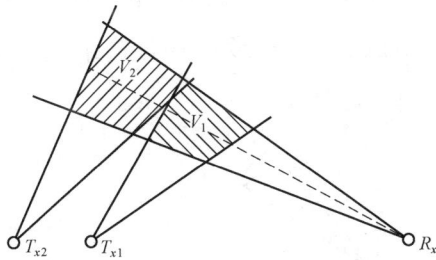

图 3-9　NLOS 通信共面干扰模型

由于传统的传输方式存在着多个节点之间的共面干扰，特别是干扰源与被干扰源的连接处处于非共面状态时，为此本研究提出了基于无线紫外光 NLOS 的非共面干扰模型，具体如图 3-10 所示。

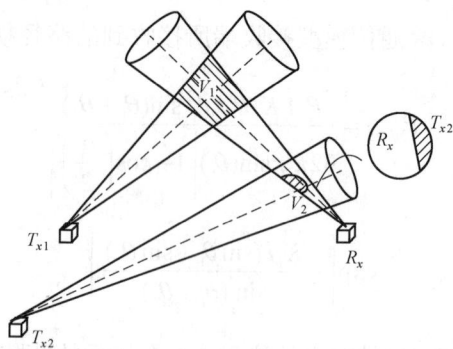

图 3-10   NLOS 通信非共面干扰模型

在本研究的框架下，T_{x1}、R_x 以及 T_{x2} 三者构建了一组完全独立的传输网络，其中 T_{x2} 的发出的信号会被 T_{x2}、R_x、V_2 三者的传输网络所捕捉，其中 V_2 的截面被用来描述，当 T_{x2} 的传输网络被包含在 T_{x1}、R_x、V_2 三者之间的传输网络，它们就会产生一种特殊的传输关系，即当 T_{x2}、R_x、T_{x1} 三者均被包含在 t_{x2}、T_{x2}、T_{x2} 三者的传输网络之间，它们就会产生一种特殊的传输关系，即 T_{x1} 会同步传输 T_{x2} 的信息，R_x 也会同步传输 T_{x2} 的信号，从而实现一种特殊的传输关系。

本研究提出了一种新的方法来解决 T_{x2} 和 R_x 之间的不可兼容性问题。假设它们在不同的高度范围内，并且它们不共面。通过采取新的方法，可以创建出不受任何影响的 NLOS 无线紫外光干涉链路，从而提供更加逼近现实的模拟结果。详情如图 3-11 所示。

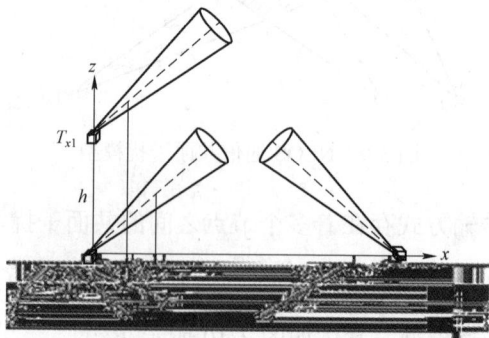

图 3-11   NLOS 通信非共面且存在高度差的干扰模型

在图中，T_{x1} 和 R_x 构成了一条非共面的工作链路，它们之间的夹角由 αT_1 表示，而 αR 则是它们的负偏角。然而，当它们处于非共面的情况下，αT_2 则代表了它们之间的正偏角，而 T_{x2} 与 $T_{x1} - R_x$ 之间的高度差则由 h 来定义。

3. 蒙特卡罗模型

随着技术的发展，无线紫外光在大气中的散射模式已经从单次模型发展到多次模型。传统的三重积分方法虽然能够计算出路径损耗，但是由于其结构复杂，很难满足实际应用的需求。蒙特卡罗模型是一种有效的概率统计方法，它通过抽取样本并生成随机数，可以用来模拟单次散射通信过程，而且还能够用来描述复杂的多次散射模式。

采用蒙特卡罗方法处理的无线紫外光 NLOS 经过多次散射后，具体过程如图 3-12 所示。

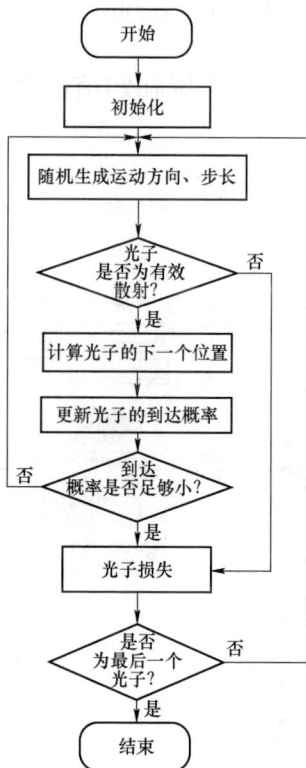

图 3-12　蒙特卡罗多次散射算法流程

（1）初始化光子信息。

（2）通过发出不确定的光波，系统可能会调整它们的旋转角度、定点距离和旋转周期。

（3）如果光子仍然存在，则继续执行步骤4；反之，则认为其已经失去了功能。

（4）当光线穿过空间时，它会受到空间内的物质的影响，如空气分子、水滴和悬浮物。为了找到光线的接近点，必须先评估它的强度，然后再决定它的接近方向。

（5）如果光子的生存几率较低，则可以认为它正在经历散射；反之，则可能会导致它的消失。

（6）判断收到的光子数是否达到预期值。如果否，则产生新的光子，转步骤2，如果是，则结束循环，统计收到的光子数量和生存概率。

3.2.2 实验方法与效果——干扰和对抗链路实验

实验流程

发射流程图：

接收流程图：

干扰流程图：

实验步骤

干扰对抗系统相较于卫星通信系统，新增了灵巧干扰控制模块，允许学生在此模块进行干扰参数的控制和发射，允许选择欺骗压制信号和高斯白噪声两种干扰类型，并随着同步头的检验发送不连续的干扰波形（实际间隔很短），可自由选择干扰内容和不同的频段完成本实验。

发送接收以及变频环节与前文均一致，此处不再重复赘述。

接收模块在 250 MHz 收到变频后的信号时：

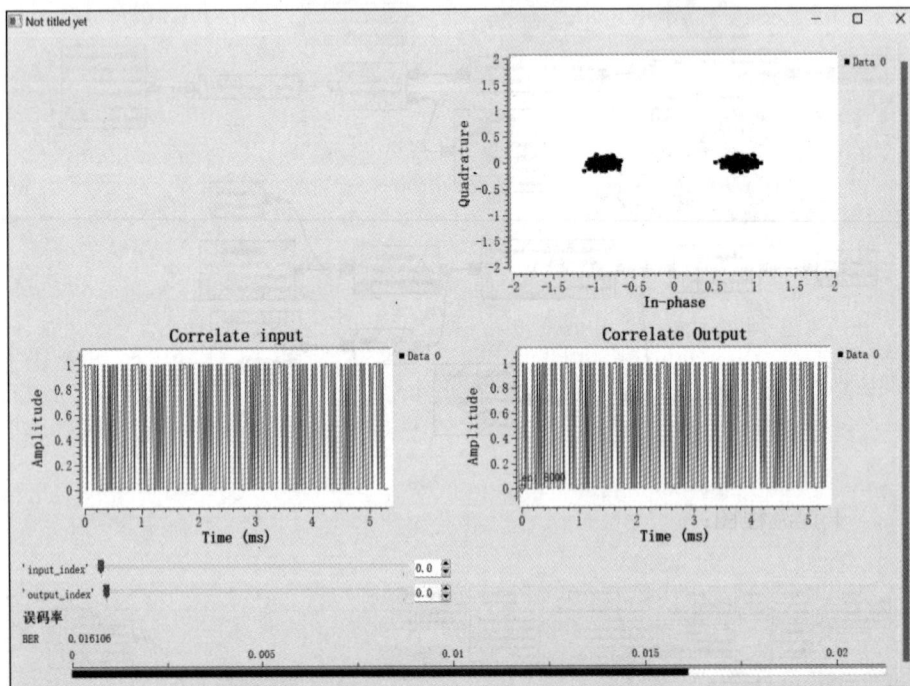

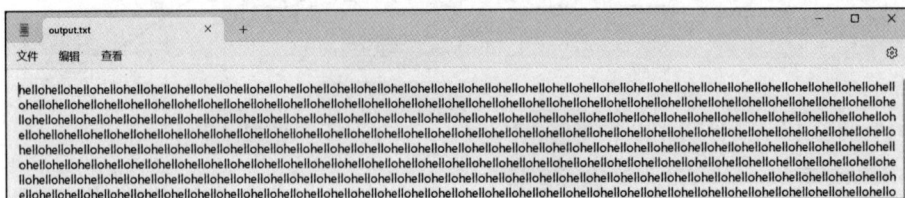

随后启动干扰模块。

```
Sync Header Found
*************************************
******* MESSAGE DEBUG PRINT ********
Sync Header Found
*************************************
******* MESSAGE DEBUG PRINT ********
Sync Header Found
*************************************
******* MESSAGE DEBUG PRINT ********
Sync Header Found
*************************************
******* MESSAGE DEBUG PRINT ********
Sync Header Found
*************************************
```

软件下方持续打印发现同步头，说明已经找到此频段（200 MHz 变频前的原始信号）信号，随后我们调整 input 和 output。

等待干扰命令为未启动的欺骗压制的内容。

将 output 变为 1（此时启动 usrp 设备在 250 MHz 进行干扰）。

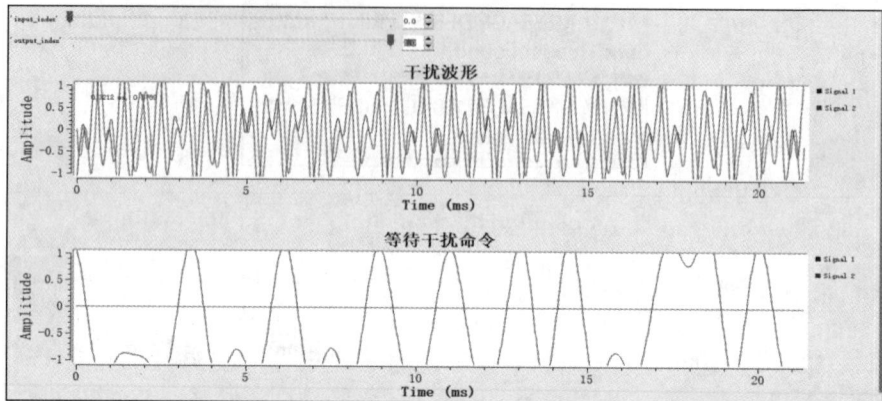

可以发现，干扰波形的波动与打印的发现同步头基本一致，发现同步头时进行一次干扰发射，（由于同步头间隔较短且频谱仪显示为过去一段时间的波形，故而将观察到干扰波形停停走走而非消失），实现灵巧的干扰控制。

可以看到，接收端星座图和误码率发生了明显的变化。

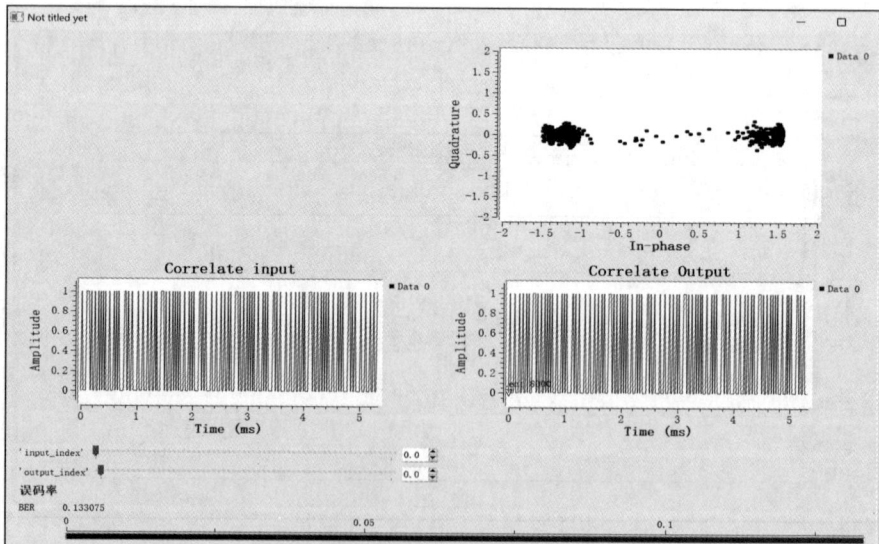

打开接收文件内容，发现原先的内容被干扰信号所欺骗压制了。

之后调整干扰将 input 设置为 1，此时启用高斯白噪声干扰。

在接收端星座图明显变为乱团，且误码率升高。

此时再观察接收文件的内容。

明显已经无法正确解码了。

至此完成本实验的全部内容。

扩展内容：对于各个模块内部感兴趣的学生可自行参阅以下实验内容：同步头、信道编码、WireShark 抓包、ofdm、星座调制，这些实验可以提供较为直观的原理性参考，本处不再额外赘述。

3.3　拓展实验

实验一　同步头序列

实验目的

同步头序列在数字通信中起着关键作用，它们用于接收端正确识别和对齐接收到的信号，以便进行数据解调和处理。通过搭建同步头序列实验，可以调试和优化同步算法，通过实验发现同步算法可能存在的问题或改进空间，并对算法进行调试和优化，以提高系统的同步性能和有效性。

实验原理

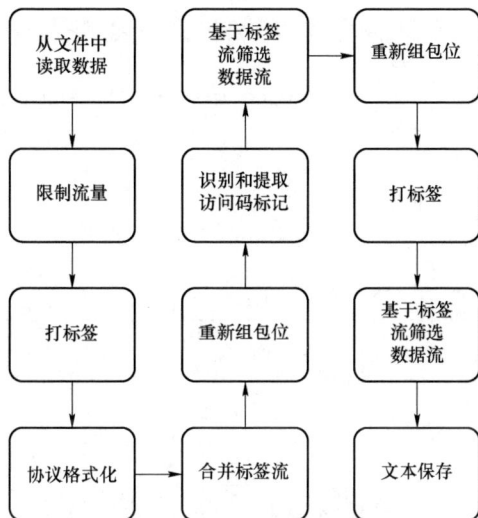

实验流程

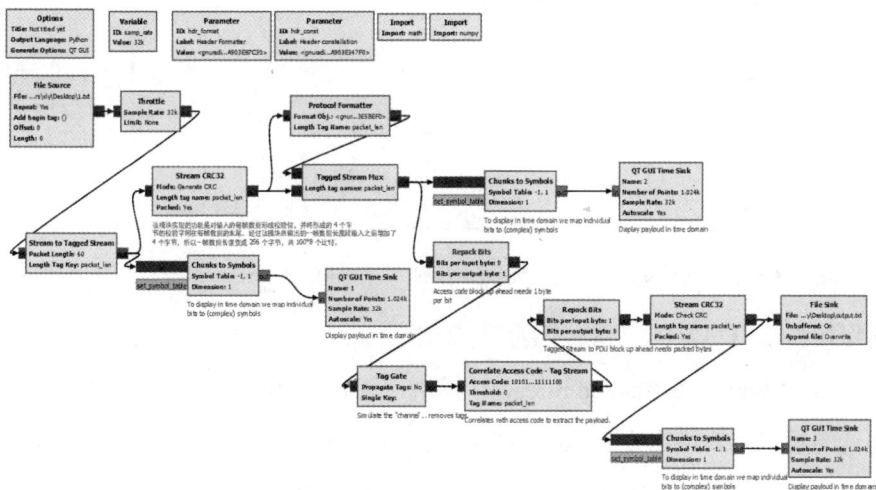

模块介绍

（1）"Parameter"模块：在流程图中定义参数，并允许用户通过界面或命令行动态地更改参数的值。

Properties: Parameter ✕

General   Advanced   Documentation

ID	hdr_format
Label	Header Formatter
Type	None ▼
Value	digital.header_format_default(digital.packet_utils.default_access_code, 0)
Show	Always ▼

OK   Cancel   Apply

Properties: Parameter ✕

General   Advanced   Documentation

ID	hdr_const
Label	Header constellation
Type	None ▼
Value	digital.constellation_calcdist((digital.psk_2()[0]), (dig
Show	Always ▼

OK   Cancel   Apply

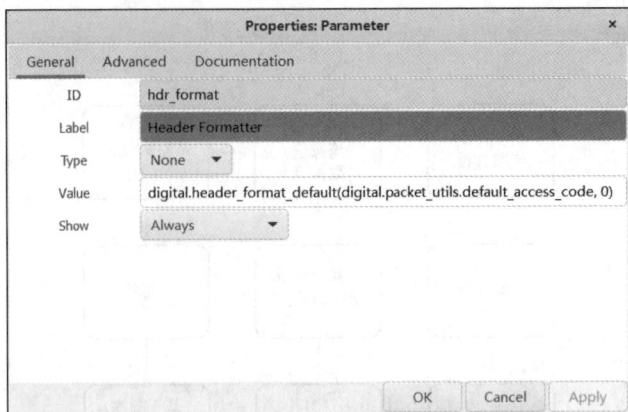

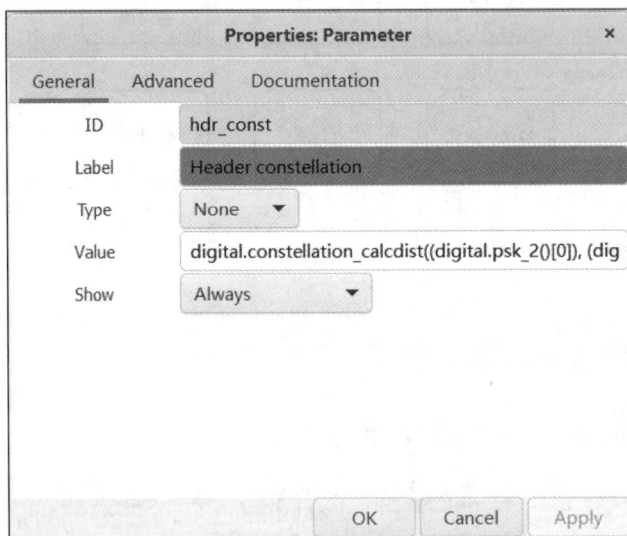

（2）"Throttle"模块：用于限制流量。它对输入流的速率进行控制，以确保数据流以特定的速率进行处理或输出。

（3）"Stream to Tagged Stream"模块：用于流到标签流转换。它可以将连续的数据流转换为带有标签的数据流。通常用于处理时域和频域之间的转换。它接收连续的流数据，并通过添加标签来对数据进行分段。每个标签可以包含有关数据段的信息，如起始时间、持续时间、数据类型等。

（4）"Stream CRC 32"模块：该模块的功能是对输入的每帧数据形成校验位，并将形成的 4 个字节的校验字附在每帧数据的末尾。经过该模块后输出的一帧数据长度较输入之前增加了 4 个字节，所以一帧数据长度变成 256 个字节，共 100×8 个比特。

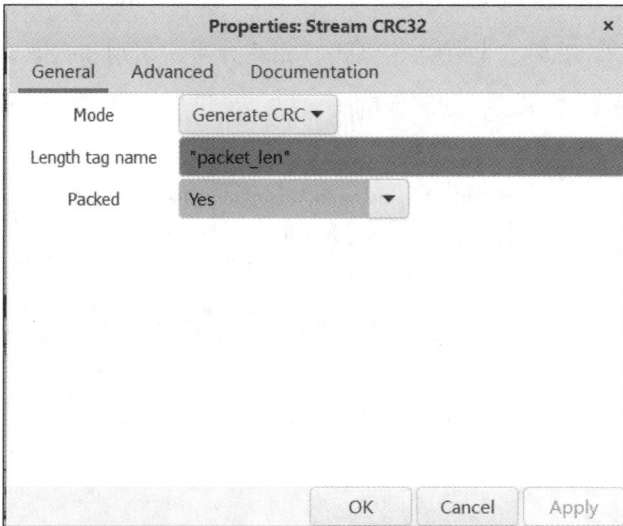

（5）"Protocol Formatter"模块：用于协议格式化。它可以将数据流转换为符合特定协议格式的数据流。通常用于生成符合特定协议格式的消息。它接收数据流，并将数据转换为按照特定协议格式的消息。它还可以将消息转换为数据流或二进制流，以便向其他系统发送。

（6）"Tagged Stream Mux"模块：用于合并标签流。它可以将多个带有标签的数据流合并成一个数据流。将多个数据流进行合并，以便进一步处理或传输。每个输入数据流都带有相应的标签，这些标签可以包含有关数据的元数据或其他属性。

（7）"Chunks to Symbols"模块：用于将数字数据流转换为符号流。它将数据流中的数字块映射到符号中，产生一个连续的符号流，以便进一步处理、编码或调制。

（8）"Repack Bits"模块：用于重新组包位。它可以将输入的位流重新组合成不同的位宽或格式。

（9）"TagGate"模块：用于基于标签对数据流进行筛选的操作。它可以根据标签的特定条件来控制数据流的流动，对数据流进行筛选和控制。

（10）"Correlate Access Code-Tag Stream"模块：用于检测和解码访问码标记流的模块。它通过与输入信号进行相关分析，识别和提取访问码标记，以便进一步对数据流进行处理或解码。

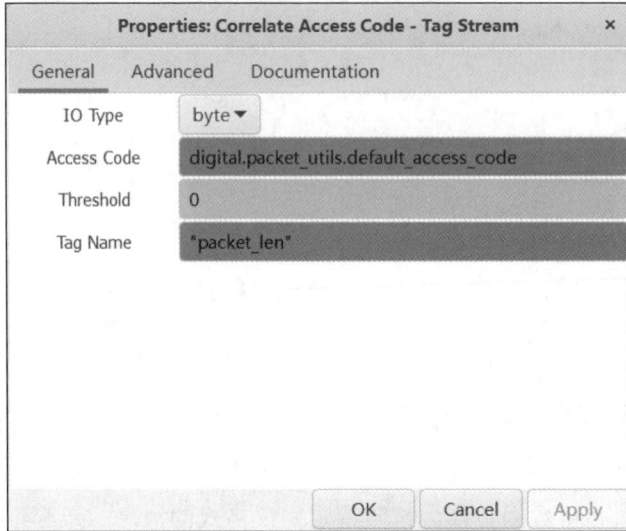

实验结果

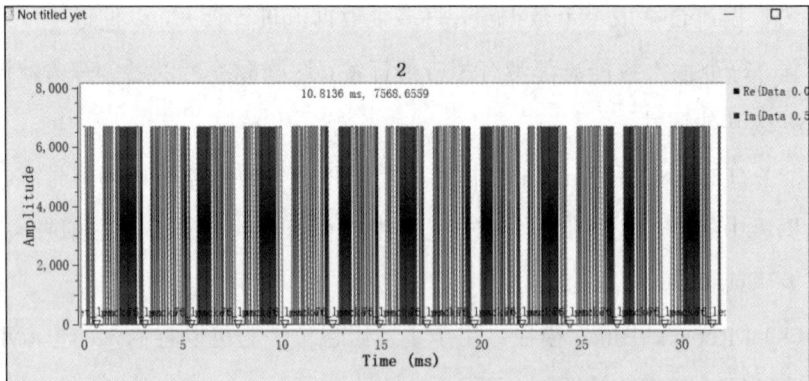

运行程序，可以观察到输入的码型和解码后的码型是完全一致的，说明解码成功。

对比输入输出文件，内容相一致。

实验二　信道编码

实验目的

通过本次实验，了解最基本的信道编码解码原理。

信道编码是一种通过在发送端添加冗余信息来提高数据传输性能可靠性的技术。通过搭建信道编码的 GRC 程序，可以深入理解信道编码的原理，如纠错码、编码率等概念，并学习不同信道编码方案的选择与设计。

信道编码可以提供一定程度的误码纠正能力，即使在信道存在干扰和损耗的情况下，仍能正确恢复原始数据。通过搭建信道编码的 GRC 程序，可以模拟信道传输中的信号损失和干扰，研究不同信道编码方案的误码纠正性能，并评估其对传输质量的影响。

信道编码是通信系统中的关键技术之一，通过搭建信道编码的 GRC 程序，学生可以进一步探索信道编码与其他通信技术的结合。例如，结合调制技术、调制方式等，研究多种技术在信道编码系统中的协同工作，进一步提升通信系统的性能和可靠性。

实验原理

卷积+交织+RS 编码。

实验流程

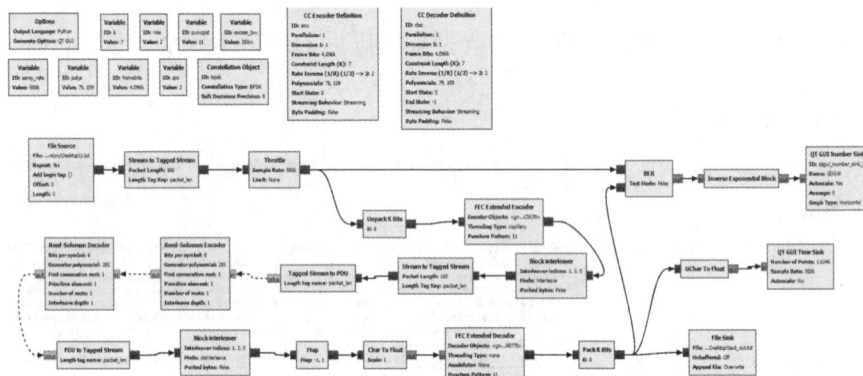

模块介绍

（1）File Source：指定要读取的文件的路径，并设置相关参数，如采样率、数据类型等。

（2）"Stream to Tagged Stream"模块：用于流到标签流转换。它可以将连续的数据流转换为带有标签的数据流。通常用于处理时域和频域之间的转换。它接收连续的流数据，并通过添加标签来对数据进行分段。每个标签可以包含有关数据段的信息，如起始时间、持续时间、数据类型等。

（3）"Throttle"模块：用于限制流量。它对输入流的速率进行控制，以确保数据流以特定的速率进行处理或输出。

（4）"BER"模块：在通信系统中表示误码率（Bit Error Rate），用于衡量数字通信系统的性能。

（5）"Unpack K Bits"模块：unpackkbit 用于将 8 位字节拆成 bit。

（6）FEC Extended Tagged Encoder 模块：用于执行扩展标记编码（Extended Tagged Encoding）操作，扩展标记编码是一种基于标记的实现机制，用于处理不同大小的输入数据块，使它们能够以透明、可靠且高效的方式通过信道进行传输。该模块的输入是任意数量的标记符号和输入数据块，输出是 FEC 编码后的标记符号和数据块。FEC 编码是一种前向纠错编码，它可以在接收方自动检测和纠正错误，实现更可靠的数据传输。

（7）"Block Interleaver"模块。

（8）"Tagged Stream to PDU"模块：将带有标签的数据流转换为 PDU，方便后续的协议处理。

（9）"Reed-Solomon Encoder"模块：用于在数字通信系统中实现错误的校正功能。Reed-Solomon 编码器通常用于在数据传输中提供容错能力，特别是在有噪声或其他干扰的情况下。

（10）"Reed-Solomon Decoder"模块：Reed-Solomon 解码器与编码器相似，都是用于数字通信系统中的错误校正。通过使用 Reed-Solomon 解码器，可以在接收端对经过编码的数据进行解码，以恢复原始数据，并尽可能地纠正传输过程中的错误。

（11）"FEC Extended Tagged Decoder"模块：用于执行扩展标记解码（Extended Tagged Decoding）操作。扩展标记解码是一种基于标记的前向纠错编码（Forward Error Correction，FEC）解码机制，它能够处理不同大小的输入数据块，并通过对接收到的标记符号和数据块进行解码，从而实现可靠的数据恢复。该模块的输入经过 FEC 编码的标记符号和数据块，它会根据接收到的标记信息，将输入数据块进行解码，恢复出原始数据块。解码后的数据块将作为输出提供给其他模块进行后续的处理。

实验三　WireShark 抓包

WireShark 是非常普遍的网络封包分析工具，可截取各种网络数据包，也可以显示数据包详情信息。适用于开发测试过程中各种问题定位。

WireShark 软件安装

软件下载路径：wire shark.org/download.

按照系统版本选择下载，下载完成后，按照软件提示一律点 Next 安装。

如果用户使用的是 Win10 系统，在安装完成后，选择抓包然而不显示网卡，需要下载 Win10pcap 兼容性安装包。下载路径：Win10pcap 兼容性安装包。

Wireshark 开始抓包示例

展示一个使用 wireshark 工具抓取 ping 命令操作的例子，让读者可以先上手实操体验一下抓包的详细过程。

（1）打开 WireShark2.6.5，主界面如下：

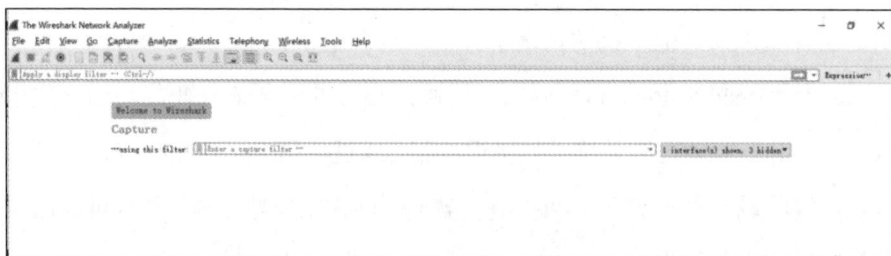

（2）选择菜单栏上 Capture->Option，勾选 WLAN 网卡（这里需要根据各自电脑网卡使用情况选择，简单的办法可以看使用的 IP 对应的网卡）。点击 Start，开始抓取网络包。

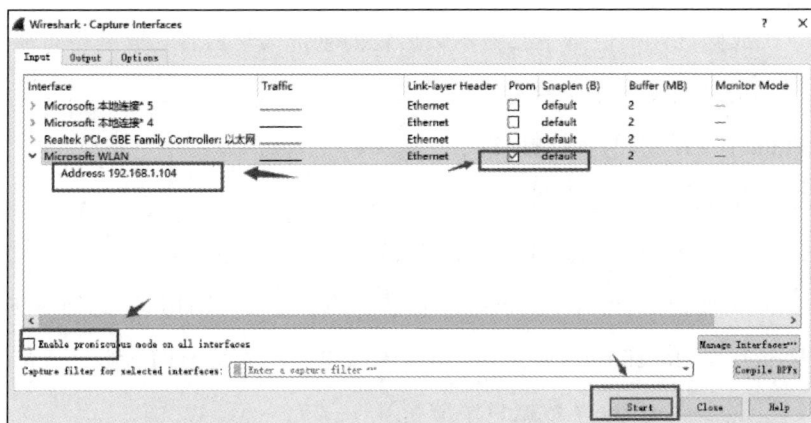

（3）执行需要抓包的操作，如在 cmd 窗口执行 pingwww.baidu.com。

（4）操作完成后相关数据包就获取到了。为避免其他无用的数据包干扰分析，可以通过在过滤栏限制过滤条件对数据包列表过滤。

说明：ip.addr==119.75.217.26andicmp 表示只显示 ICPM 协议且源主机 IP 或者目的主机 IP 为 119.75.217.26 的数据包。

说明：协议名称 i cmp 要小写。

（5）wireshark 抓包完成。关于 wireshark 过滤条件怎样查看数据包中的内容在后面详细介绍。

WireShark 抓包界面

说明：数据包列表区中的各个协议使用了不同的颜色区别开来。协议颜色标志定位在菜单栏 View-->ColoringRules。

WireShark 主要分为这几个界面

（1）DisplayFilter（显示过滤器），设计过滤条件从而进行数据包列表过滤。菜单路径：Analyze-->DisplayFilters。

（2）PacketListPane（数据包列表），显示获取到的数据包，各个数据包包括编号、时间戳、源地址、目标地址、协议、长度、和数据包信息。不同协议的数据包采用了颜色不同的区分显示。

（3）PacketDetailsPane（数据包详细信息），在数据包列表中选取特指数据包，在数据包详细信息中会显示数据包的全部信息内容。最重要的是，数据包详细信息面板可用来查看协议中的每一个字段：

Frame：物理层的数据帧概况。

EthernetII：数据链路层中以太网帧头部信息。

InternetProtocolVersion4：互联网层 IP 包头部信息。

TransmissionControlProtocol：传输层 T 的数据段头部信息，此处是 TCP。

HypertextTransferProtocol：应用层的信息，此处是 HTTP 协议。

（4）DissectorPane（数据包字节区）。

Wireshark 过滤器设置

在使用 WireShark 时，将会得到大量的冗余数据包列表，尤其是初学者，导致很难找到自己抓取的数据包部分。WireShark 工具中有两种类型的过滤器是自带的，学会使用这两种过滤器将会大大提升在大量的数据中找到有用信息的效率。

（1）抓包过滤器。在抓取数据包前设置，捕获过滤器的菜单栏路径为 Capture-->CaptureFilters。可以在抓取数据包前设置如下：

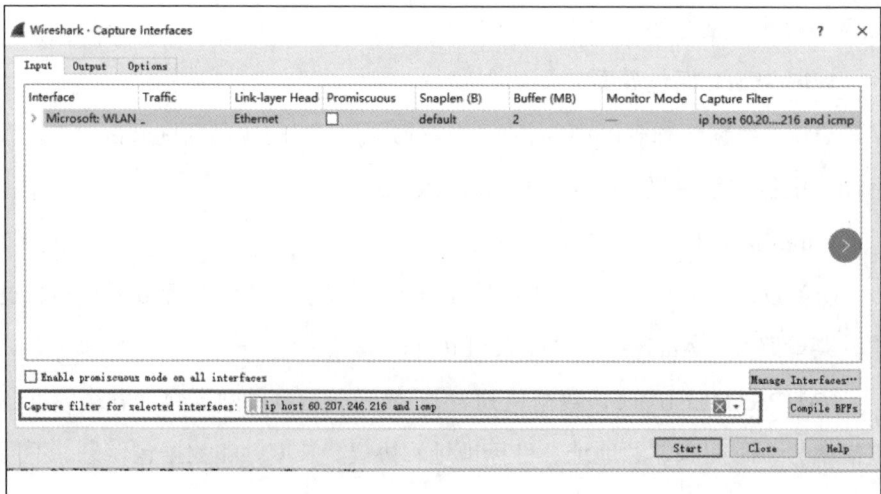

只捕获主机 IP 为 60.207.246.216 的 ICMP 数据包：iphost60.207.246.216 andicmp。

（2）显示过滤器。用于在抓取数据包后设置过滤条件进行过滤数据包的工具是显示过滤器。一般是在抓取数据包时，它的限制条件相对宽泛，使用显示过滤器限制过滤条件，便于在面对抓取的数据包内容较多时分析。同样上述场景，在捕获时未限制捕获规则就直接经过网卡进行抓取所有数据包，如下：

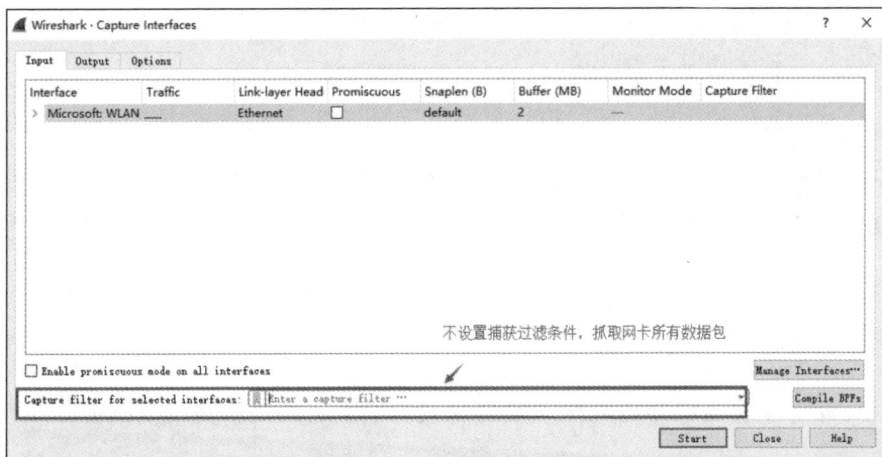

执行 pingwww.huawei.com

对上述获取的数据包列表进行观察，发现其含有大量的无效数据。这时可以通过规定显示器过滤条件进行提取分析信息。ip.addr==211.162.2.183 andicmp。并进行过滤。

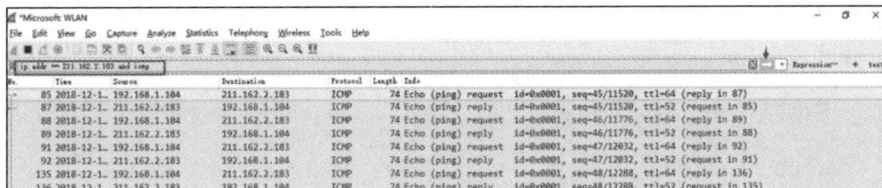

上述介绍了显示过滤器和抓包过滤器的基础使用方法。在组网不复杂或者流量不大情况下，我们的需求使用显示器过滤器进行抓包后处理就可以满足。

实验四   OFDM 实验

约定和符号

1. FFT 移位

在模块之间传递 OFDM 符号的情况下，默认行为 FFT 移位这些符号，即直流载波位于中间时（准确地说，它位于载波底（$N/2$），其中 N 是 FFT 长度，载波索引从 0 开始）。

此约定的原因是，某些模块需要符号的 FFT 移位排序才能运行（例如 gr∷digital∷ofdm_chanest_vcvc），为了保持一致性，选择它作为所有传递 OFDM 符号的模块的默认值。此外，在查看 OFDM 符号时，FFT 移位符号按其自然顺序排列，说明它们会在通道中出现。

2. 载波和符号分配

许多模块需要知道分配了哪些载波，以及它们是否携带数据或导频符号。GNU Radio 块为此使用了三个对象，通常称为 occupied_carriers（用于数据符号）、pilot_carriers 和 pilot_symbols（用于引导符号）。

这些对象每一个都是向量的向量。occupied_carriers 和 pilot_carriers 可确定数据和飞行员在框架中的位置符号并分别存储。

"occupied_carriers [0]"可标识出在第一个运营商上被占用 OFDM 符号的运营商，"occupied_carriers [1]"在第二个 OFDM 符号上执行相同的操作，以此类推。

下面是一个示例：

occupied_carriers= $((-2, -1, 1, 3), (-3, -1, 1, 2))$

pilot_carriers= $((-3, 2), (-2, 3))$

每个 OFDM 符号带有 4 个数据符号。在第一个 OFDM 符号上，它们位于载波 -2、-1、1 和 3 上。不使用载波 -3 和 2，因此它们是可以放置导向符号的区域。在第二个 OFDM 符号上，占用的载波是 -3、-1、1 和 2。因此，飞行员符号必须放置在其他区域，并放在载体 -2 和 3 上。

如果 OFDM 帧中的符号长于 occupied_carriers 或 pilot_carriers 的长度，它们将环绕（在本例中，第三个 OFDM 符号使用 occupied_carriers［0］）中的分配）。

但是飞行员符号是如何设置的呢？它是一个有效的参数化：

pilot_symbols= （（ -1，$1j$），（1，$-1j$），（ -1，$1j$），（ $-1j$，1））。

这些符号是 pilot_carriers 中的符号。因此，在第一个 OFDM 符号上，载波 -3 将传输 -1，载波 2 将传输 $1j$。请注意，在此例中，pilot_symbols 比 pilot_carriers 长——这是有效的，pilot_symbols［2］中的符号将根据 pilot_carriers［0］进行映射。

检测和同步

在这之前，必须检测 OFDM 帧，必须识别 OFDM 符号的开头，并且必须估计频率偏移。

传输

这张图片展示了一个非常简单的发射器范例。假设输入带有长度标签的复数标量流，即发射器一次只能处理一帧。

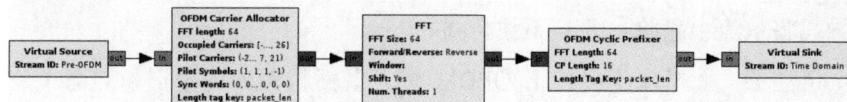

第一个模块是载波分配器（gr::digital::ofdm_carrier_allocator_cvc）。这会将传入的复数标量排序到 OFDM 载波上，并将导频符号放到正确的位置。还可以选择传递每个帧前面预置的 OFDM 符号（即前导码符号）。这些可用于检测、同步和通道估计。

载波分配器输出 OFDM 符号（即 FFT 长度的复数向量）。在继续之前，必须将这些信号转换为时域信号，这就是它们能通过管道传输到（I）FFT

模块中的原因。请注意，因为所有 OFDM 符号都是以移位形式处理，所以 IFFT 块也必须移位。

最后，将循环前缀添加到 OFDM 符号中。Gr::digital::ofdm_cyclic_prefixer 还可以对 OFDM 符号（时域中的凸余弦侧翼）执行脉冲整形。

接收

在接收器方面，则需要更多的努力。以流程图假定从 OFDM 帧的开头开始输入，并带有预置带有 Schmidl&Cox 前导码，用于粗调频率校正和通道估计。并假设精细的频率偏移已经校正而且 cyclic 前缀已被删除。后者可以通过该方式实现 gr::digital::header_payload_demux，前者可以使用 gr::digital::ofdm_sync_sc_cc。

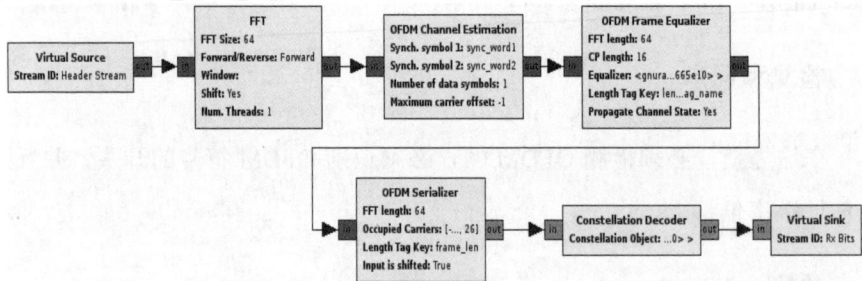

首先，FFT 将 OFDM 符号移位到频域中，其中信号对其执行处理（因此 OFDM 帧以矩阵形式存在于内存中）。它被传递给使用前导码执行信道估计的模块和粗略的频率偏移。这两个值都将添加到输出流中作为标签；然后，前导码将从流中删除，并且不被传播。

请注意，此模块不会校正 OFDM 帧。既然粗频失调校正和均衡（使用初始通道状态估计）在以下块 gr::digital::ofdm_frame_equalizer_vcvc 中完成。这个块的有趣属性在于它会使用 gr::digital::ofdm_equalizer_base 派生对象来执行实际的均衡。

频域中的最后一个模块是 gr::digital::ofdm_serializer_vcc，这是载波分配器的反向块。它从 occupied_carriers 中摘取数据符号，并将它们输出为复数标量流。这些标量流可以直接转换为比特，或传递给前向纠错解码器。

示例环回流程图

1. 构建流程图

2. 测试

文件源可以是任何长度的任何文本文件。长度 52 的数据包在测试中效果很好，应该小于 FFT 长度 64。

执行流程图后，"receive.txt" 文件包含部分前导码，后跟多个前导码，具体取决于接收器同步所需的时间；然后是文件本身；然后是后文件填充器。

实验五　星座调制

实验目的

通过本次实验，让学生了解星座调制以及信道均衡、锁相环以及时钟同步的使用，了解信号失真和通道效应问题，识别发送和接收 QPSK 信号所需的阶段。

QPSK 和 BPSK 之间的区别在于每个符号的位数，QPSK 使用 2 位符号；BPSK 使用 1 位符号，在这两种情况下，Constellation Modulator 模块都使用所有 8 个输入位。请注意，QPSK 和 BPSK 之间的星座对象是不同的。

BPSK 实验步骤

1. 传输 BPSK 信号

第一阶段是传输 BPSK 信号。生成比特流，并将其调制到复杂星座上。为此，使用 Constellation Modulator 模块，通过设置星座对象和其他参数来控制信号的传输。

星座对象用于确定符号的编码方式。接着，调制器模块可选择在带或不带差分编码的情况下使用此调制方案。星座调制器需要对字节进行压缩，因此使用一个随机源生成器，产生取值范围在 0 到 255 之间的字节。

在处理每种交易品种的样本数时，希望将其保持在尽可能小的范围内，最小值为 2。通常，可以利用这个值来确保所需的比特率与将使用的硬件设备的采样率相匹配。由于处于模拟环境中，因此每个符号的样本确保其在整个流程图中匹配此速率是很关键的。在这里，选择使用 4，虽然它比需要的值大，但它对于在不同领域中信号的可视化非常有用。

最后，确定超额带宽值。星座调制器采用根升余弦（RRC）脉冲整形滤波器，该滤波器提供一个参数来调整滤波器的滚降因子，通常被称为"alpha"。

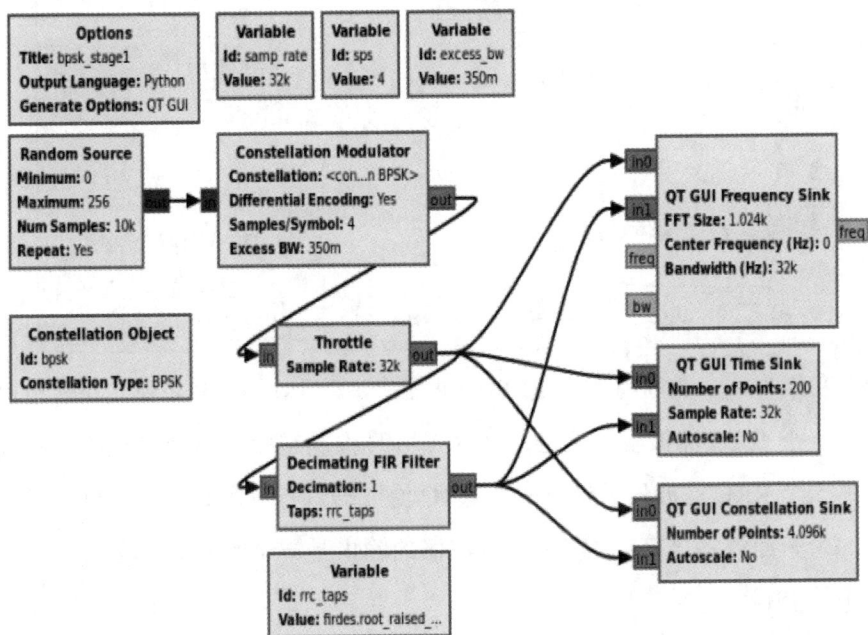

在星座图中，看到了上采样（每个符号生成 4 个样本）和滤波过程的效果。请注意，所有点都位于同相轴上。RRC 滤波器引入了故意的自干扰，即码间干扰（ISI）。ISI 对接收到的信号不利，因为它会导致符号模糊。我们将在时序恢复部分深入研究这一点。现在，来看一下对信号做了哪些处理。如果只观察传输信号的频率图，那么将看到一个漂亮形状的信号，它会逐渐淡入噪声中。如果不使用整形滤波器对信号进行处理，那么传输的信号将呈现为方波，这会在相邻的频道中产生大量能量。通过减少带外发射，信号现在可以有效地保持在信道带宽内。

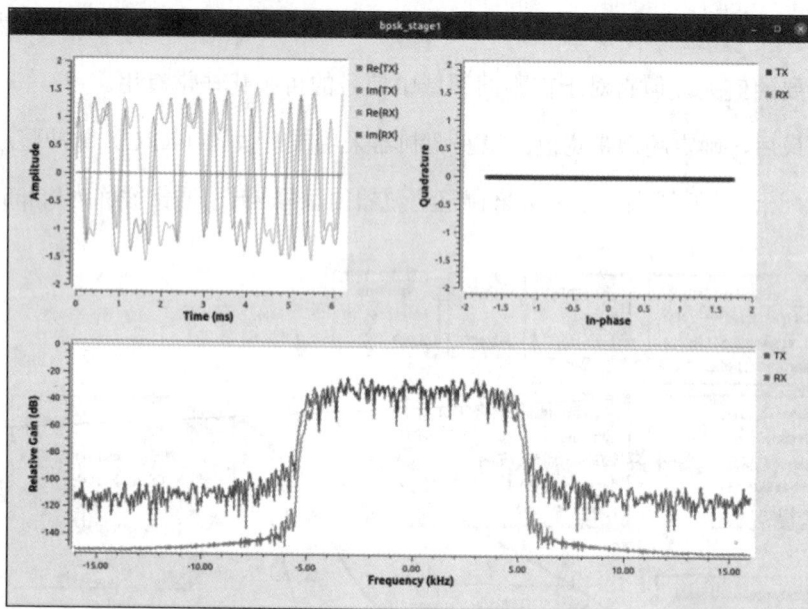

在接收端，通过另一个 RRC 滤波器来消除 ISI。简单来说，在发射端使用一个 RRC 滤波器，它会产生 ISI 并且控制带宽，然后在接收器上使用另一个 RRC 滤波器。当对两个 RRC 滤波器进行卷积时，会得到一个升高的余弦滤波器。接收端 RRC 滤波器的输出是一个剩余弦形信号，具有最小的 ISI。

第一阶段示例只涉及传输 BPSK 信号的机制。现在，将探讨信道的影响，以及信号在传输和接收过程中可能遭受的失真情况。首先，引入通道模型，下面的示例将展示这一过程。使用 GNU Radio 的基本 Channel Model 模块。

该模块允许模拟几个关键问题。接收器面临的首要问题是噪声，其中包括热噪声，还有它导致的加性高斯白噪声（AWGN）。通过调整信道模型的噪声电压来设置噪声功率。这里使用电压而不是功率，因为需要考虑信号的带宽以计算正确的功率。根据所需的功率水平，可以计算出噪声电压，了解仿真的其他参数。

　　两个无线电之间的另一个重要问题是时钟的不同，它会影响无线电的频率。时钟不完美，因此收音机之间存在频率差异。一个无线电名义上以 fc（如 450 MHz）传输，但它的缺陷在于它实际上是以 fc+f_delta_1 传输。同时，另一台收音机具有不同的时钟，因此存在不同的偏移量 f_delta_2。当设定为 fc 时，实际频率变为 fc+f_delta_2。最终，接收到的信号将偏离我们预期位置 f_delta_1+f_delta_2（这些偏移可能为正或负）。

　　与时钟问题相关的是理想的采样时刻。已经在发射端对信号进行了上采样和整形，但在接收端，需要在原始采样时刻对信号进行采样，以最大限度地提高信号功率并最小化码间干扰。就像在添加第二个 RRC 滤波器后的第 1 阶段仿真中一样，可以观察到，在每个符号的 4 个样本中，有一个处于 +1、−1 或 0 的理想采样时刻。但是同样，两个无线电以不同的速率运行，因此理想的采样时刻是未知的。

　　仿真的第 2 阶段是允许考虑加性噪声、频率偏移和时序偏移等效应。在运行该图时，加入了轻微的噪声（0.2）、一定程度的频率偏移（0.025）以及一些时序偏移（1.0005），以观察生成的信号。

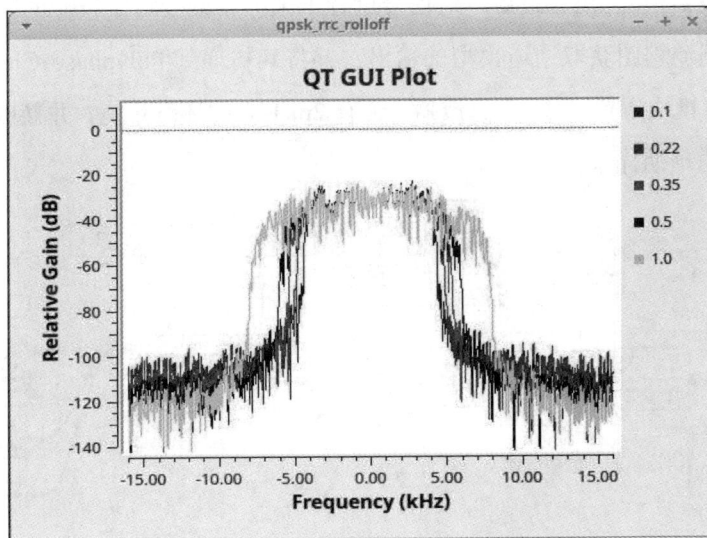

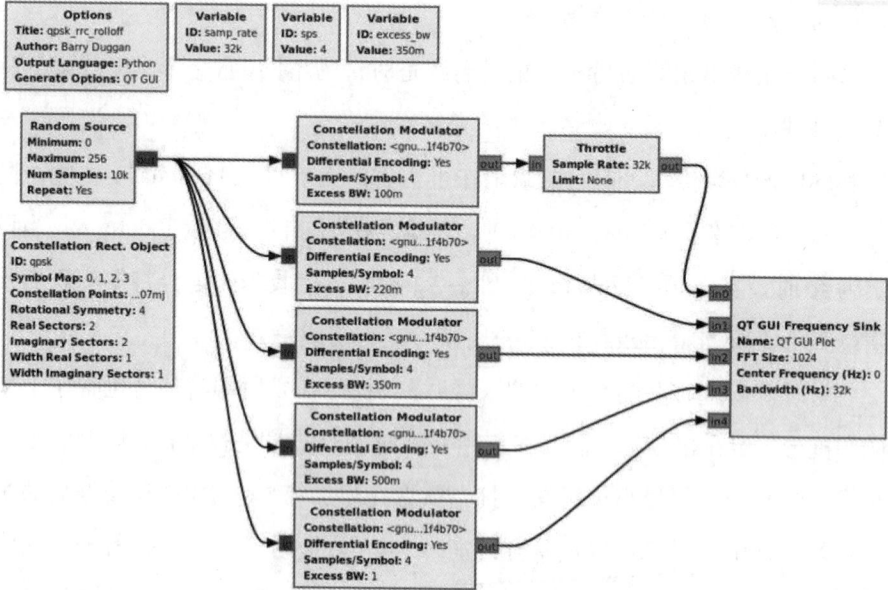

星座图显示了若干样本，相比前一阶段开始时更糟糕。现在，必须消除所有这些影响，从接收到的信号中恢复原始信息。

2. 接收 BPSK 信号

多相时钟同步提供三种功能。首先，进行时钟恢复。其次，使用接收器匹配滤波器消除 ISI。最后，对信号进行下采样，减少每个符号的采样。

示例流程图获取通道模型的输出，并将其传递到 Polyphase Clock Sync 模块。该模块配置了 32 个滤波器，带有 2pi/100 的环路带宽，并接收每种交易品种的预期样本值。

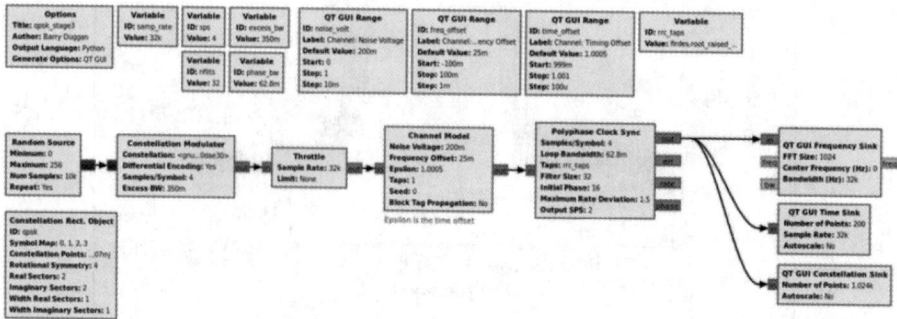

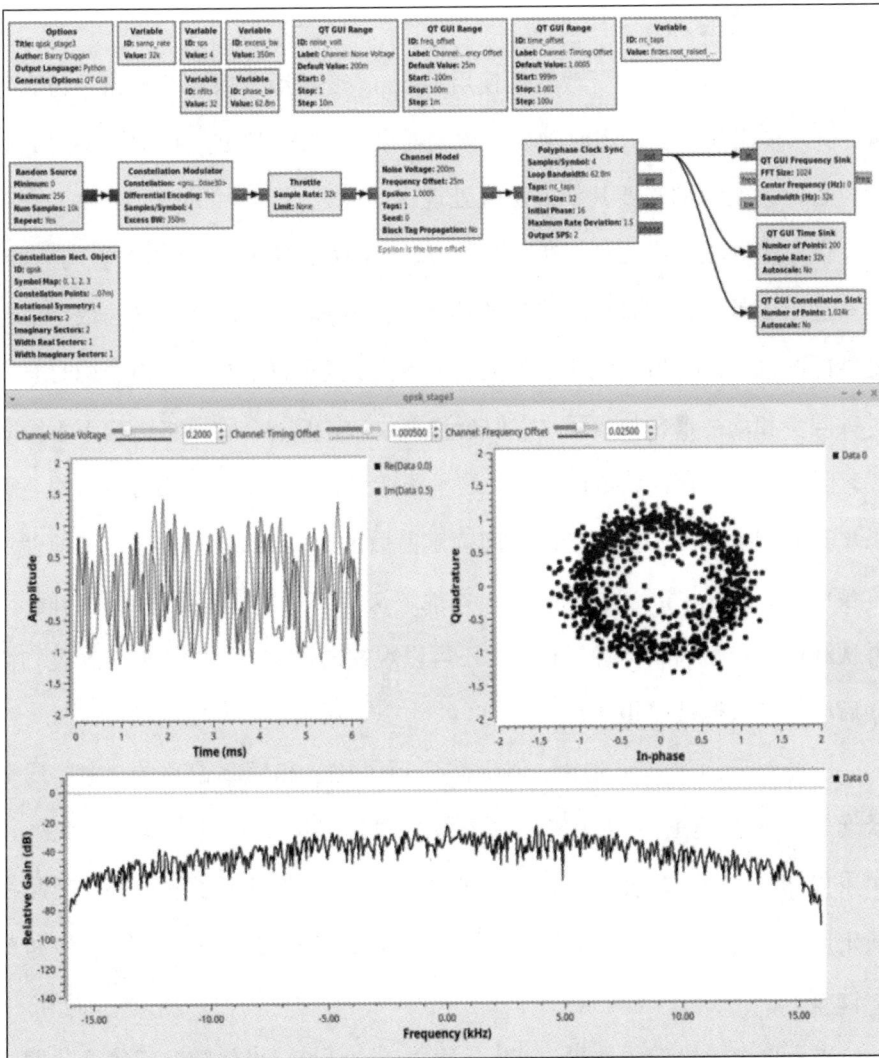

运行此脚本时，在经过 32 个滤波器后，观察到星座图仍然略显嘈杂，但一旦将通道噪声电压设置为大于 0 时，噪声就会很快地被吸收。

随后，可以尝试更改时序和频率偏移。移动时序图展示了时钟同步模块如何保持信号锁定时间，并在理想星座点附近（或非常接近）输出样本。当引入频率偏移时，星座图变成了一个圆形。尽管星座图在单位圆上，表明信号仍然保持正确的时间，但圆形星座图表明需要处理频率偏移的问题，这是稍后需要解决的。

同样地，可以通过更改我们使用的 taps 变量版本来修改多路径仿真环境。引入多路径会显示出时钟恢复模块对多路径是有效的，但它不会对其进行校正，因此我们需要其他方法来处理这一问题。

自适应算法具有 CMA 算法类型，或恒定模量算法。这是一个盲均衡器，但只适用于具有恒定幅度或模数的信号。这意味着像 BPSK 这样的数字信号是很好的选择，因为它们只在单位圆上有点。还要注意的是，由于同时具有时钟同步和均衡器模块，因此它们会独立收敛，但一个阶段将影响下下个阶段。因此，当两者都锁定信号时，这里正在进行一些交互。不过，最后，可以观察到均衡器对多径信号的时间锁定前后的影响。在均衡器之前，即使没有噪声，信号也非常混乱。均衡器很好地解决了如何反转和抵消通道的问题，再次获得了一个清晰干净的信号。还可以观察通道本身，以及它在通过均衡器后如何有效地被平坦化。

已经对通道进行了均衡，但仍然遇到了相位和频率偏移的挑战。均衡器通常无法快速适应，这使得频率偏移很容易超出其能力范围。此外，如果仅运行 CMA 均衡器，它只关心收敛到单位圆但不了解星座，因此在锁定时，它会锁定在任何给定的相位。现在需要校正任何相位偏移和频率偏移。

关于这个阶段的两件事。首先，使用二阶环路，以便随时间的变化跟踪相位和频率（即相位的导数）。其次，在这里处理的恢复类型会假设正在执行细微的频率校准。因此，需确保已处于理想频率的适当范围内。若偏离过大，循环将不会收敛，而是继续旋转。

Costas Loop 模块可以同步 BPSK、QPSK 和 8PSK。与所有其他产品一样，它使用二阶环路，因此使用环路带宽对参数进行定义。它需要知晓 PSK 调制的阶数，因此 BPSK 为 2，QPSK 为 4，8PSK 为 8。

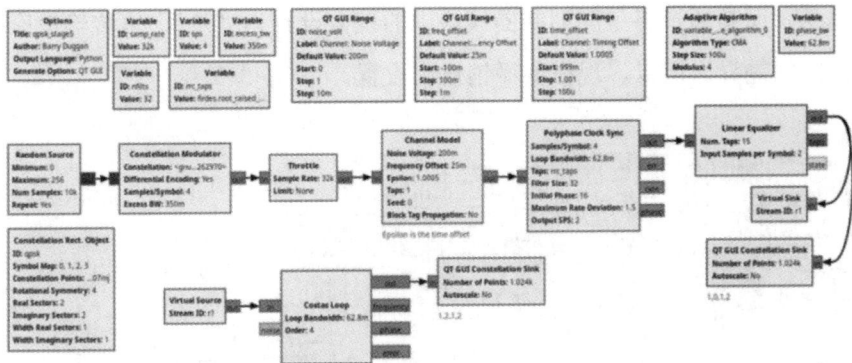

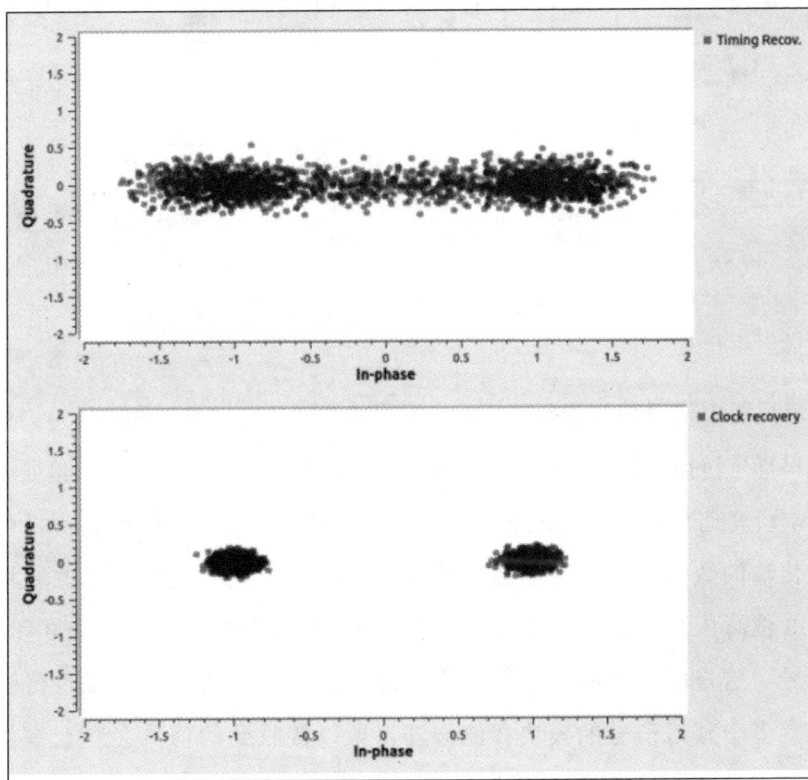

　　现在开始解码信号。在 Costas 循环之后插入一个星座解码器，此时得到的是符号 0 和 1，因为这是 BPSK 方案中字母表的大小。但是，要想确认我们拥有与传输时相同的符号到星座点的映射，可以通过传输差分符号来避免在星座中可能存在 180 度的模糊度这个问题。实际上，并没有直接传输星

193

座本身，而是通过将星座调制器模块中的差分设置为"是"，来传输星座符号之间的差异。所以，现在要撤销这个设置。

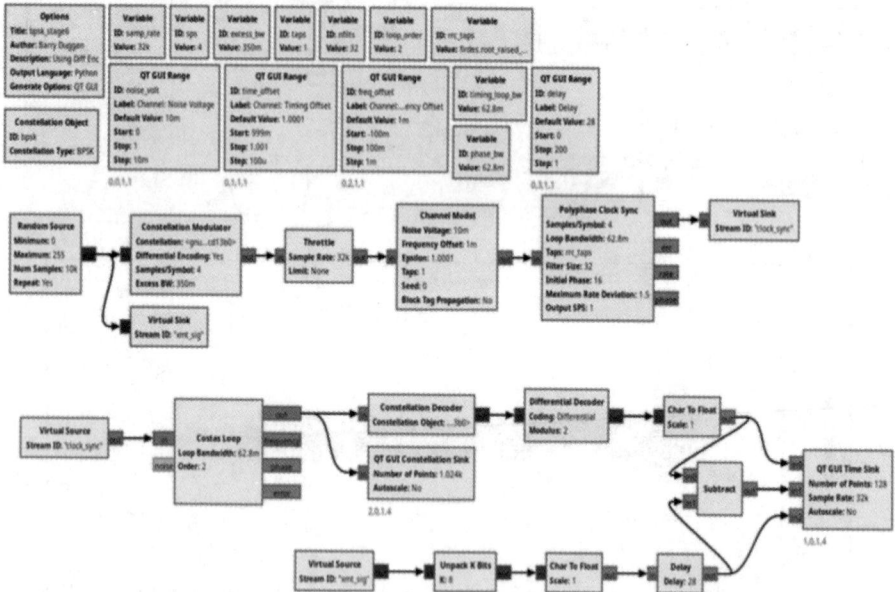

流程图中使用差分解码器模块，根据相位变化而非绝对相位本身，将差分编码符号转换回其原始符号。现在就拥有了原始的比特流。为了验证这一点，本研究把它与输入的比特流进行对比，因为这是一个模拟，所以可以获取传输的数据，然后发送器会生成打包位。因此，使用解包位块将每字节 8 位解压缩到每字节 1 位。接着，将这些流转换为浮点值 0.0 和 1.0 的信号。这是因为时间接收器只接受浮点值和复数值。由于接收器链中存在有多个延迟信号的模块和滤波器，所以接收到的信号会有一些位数的延迟。为了补偿接收到的信号的延迟，需要使用延迟模块，将传输的位延迟相同的数量。然后，可以调整延迟以找到正确的值，并观察位如何同步。此外，可以通过从另一个信号中减去一个信号来确定它们何时同步，因为它的输出将为 0。当输出不为 0 时，添加噪声和其他通道影响可能会被误认为是位错误。

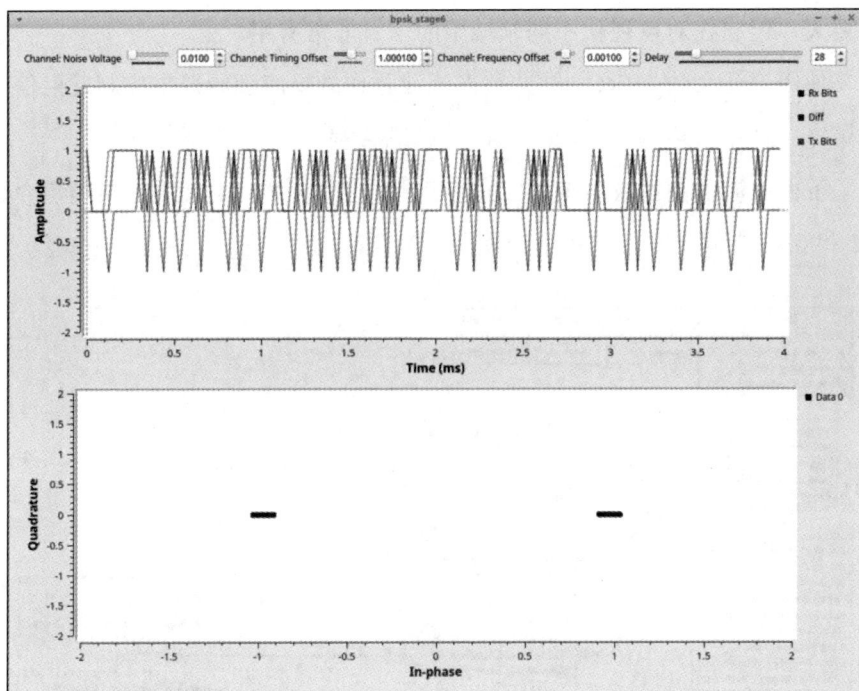

QPSK 实验步骤

1. 传输 QPSK 信号

第一阶段涉及传输 QPSK 信号。生成一个比特流，并将其调制到一个复杂的星座上。为此，使用星座调制器模块，它使用星座矩形对象和其他设置来控制传输的信号。星座调制器的参数是星座矩形对象的 ID。

Constellation 是对象指定符号的编码方式。调制器模块可以根据需要使用的这种调制方案，可以选择是否使用差分编码。星座调制器对字节进行压缩，因此使用一个随机源生成器，提供值为 0 到 255 的字节。

在处理每个交易品种的样本数时，为将此值保持在尽可能小的范围内，最小为 2。通常情况下，可以利用这个值来确保所需的比特率与硬件设备的采样率相匹配。由于在进行仿真，因此只有在与确保整个流程图中的速率相匹配时，每个符号的样本才是重要的。我们将使用值 4，尽管它比实际需要的要大，但它在对可视化不同领域中的信号非常有用。

使用根升余弦（RRC）脉冲整形滤波器作为星座调制器来控制发射信号的带宽。该参数称为"Excess BW"（超额带宽）。

下面的流程图生成下图，显示了多余带宽的不同值。使用的典型值介于 0.2 和 0.35 之间。在本教程中，使用 0.35。

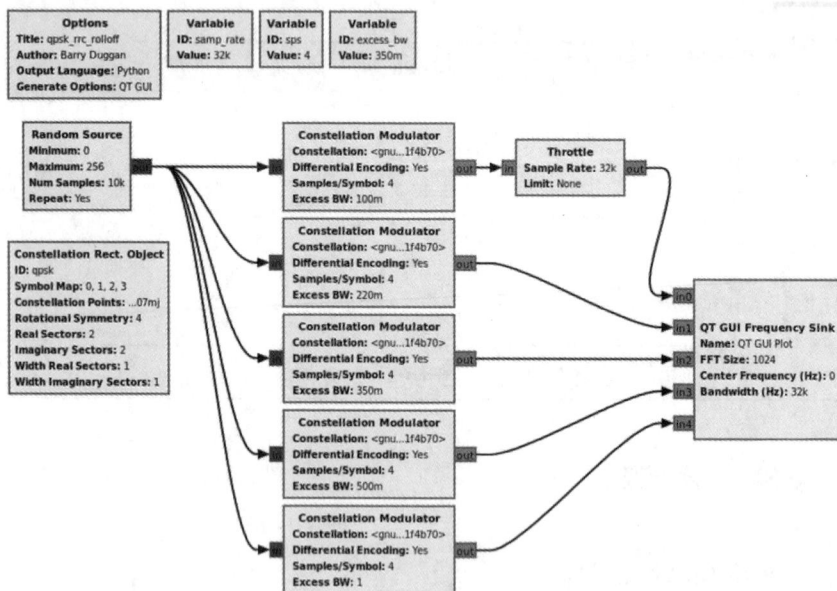

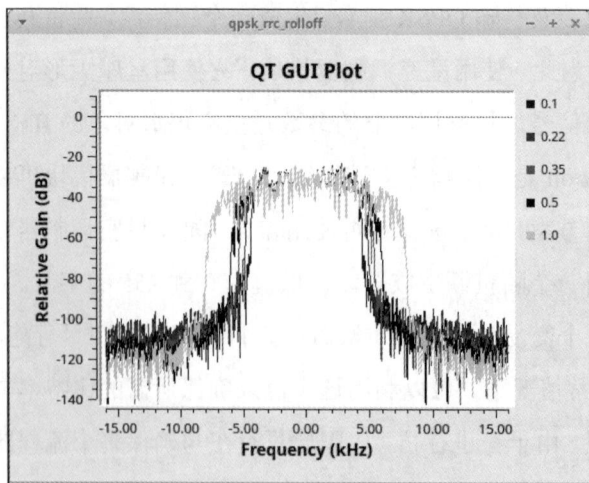

添加信道损伤与 BPSK 教程部分添加信道损伤中是相同的。

2. 接收 QPSK 信号

恢复时序与 BPSK 教程部分恢复时序中是相同的。

在使用均衡器之后，符号都在单位圆上，然而，由于频率偏移而发生旋转。在 Costas 循环模块的输出端，可以看到与起始时相同的星座锁定状态（附加了额外的噪声）。

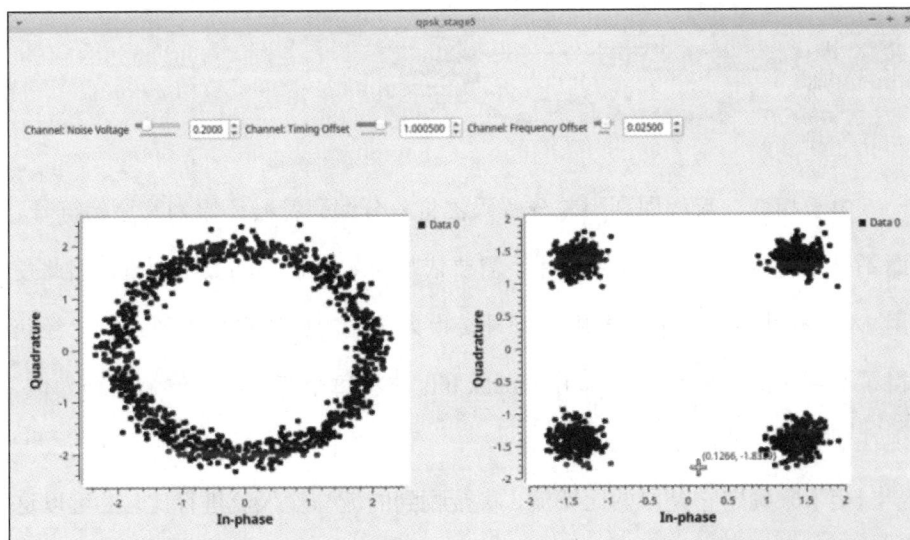

如下所示包含用于解码信号的最终流程图。首先，在 Costas 循环之后插入一个星座解码器，此时，得到了从 0 到 3 的符号，这是 QPSK 方案中字母表的大小。但在这个 0 到 3 的符号集合中，要想确定所映射的符号与传输时的符号相匹配的星座点，通过传输差分符号来规避在星座中可能存在 90 度的模糊性这个问题。并非传输星座本身，而是通过将 Constellation Modulator 模块中的 Differential 设置为 True 来传输星座符号之间的差异。

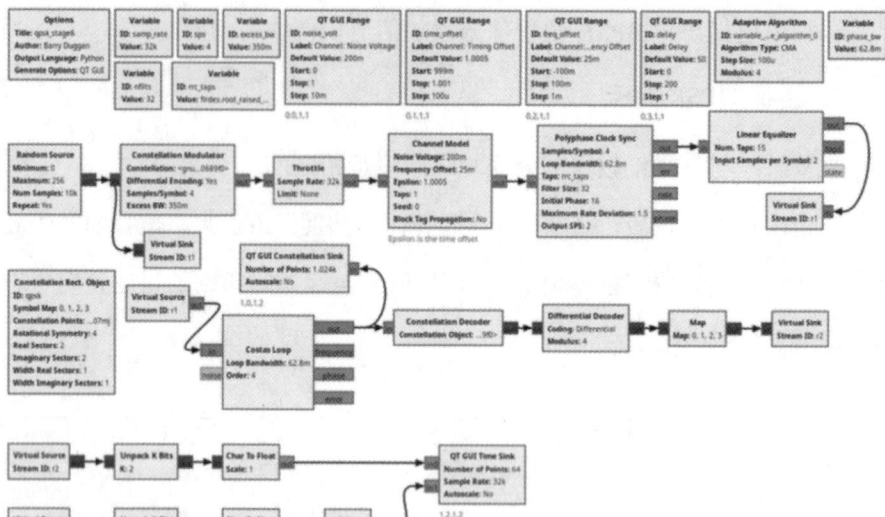

由于相变，流程图利用差分解码器将差分编码符号还原为其原始符号，而不是绝对相位。在同步步骤中，需要依赖基本的物理和数学原理。因此使用 Map 模块将差分解码器中的符号转换为传输的原始符号。现在，已经获得了 0 到 3 的原始符号，使用 unpack bits 块将每个符号的 2 位解压缩为位。现在就有了原始的数据比特流。

接下来确定它是原始比特流，将接收到的流与输入流进行比较，可以这样做是因为它是一个模拟，能够访问传输的数据。然而发送器会生成打包位，因此需要再次利用解包位块，将每个字节的 8 位解压缩为每个字节的 1 位。接着，将这些流转换为浮点值 0.0 和 1.0，这是因为时间接收器只接受浮点值和复数值的信号。直接比较这两者，什么发现也没有，为什么？因为由于接收器链包含许多延迟信号的模块和滤波器，接收到的信号会有一些延迟。为了补偿这种延迟，需要使用 Delay 模块将传输位延迟相同的数量。然后，可以调整延迟以找到正确的值，并查看位如何同步。注意：每次更改延迟值后等待几秒钟，正确的值是 58。

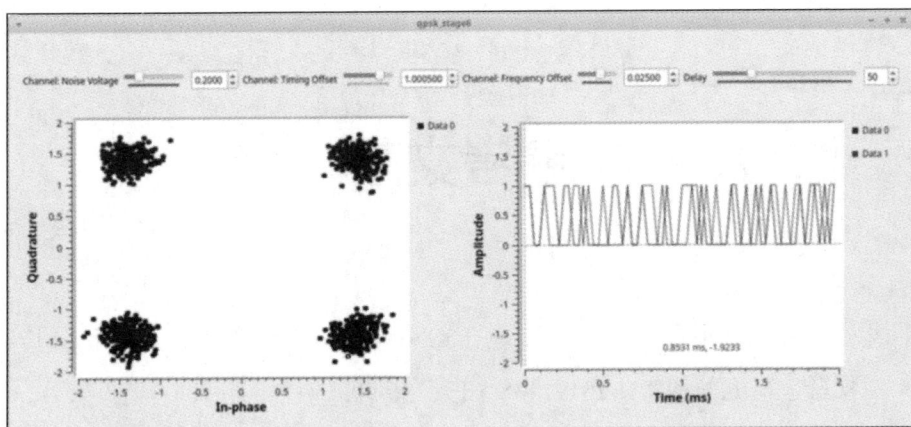

作为最后的实验，请注意，为了能够在接收信号中看到模式，采用的是有限长度随机数生成器。使用 QT GUI Time Raster Sink 进行设置，以便可以看到这种模式。由于时间栅格图对流进行采样，所以生成的显示可能与预期不完全相同。但是，如果正确设置了模式，那么模式本身应该是可以看见的。

实验结果

运行程序，可以看到明显的星座图，通过调整时延，可以使发射和接收的波形重合，说明星座调制解调成功。

参考文献

［1］金伟正，赵小月，肖云，等. 基于 GNU Radio 的频谱分析仪设计［J］. 实验室研究与探索，2019，38（1）：86-90.

［2］曹俊杰. 基于 GNU Radio 和 USRP 的认知无线电频谱感知技术研究［D］. 西安：西安电子科技大学，2014.

［3］黄凌. 基于 GNU Radio 和 USRP 的认知无线电平台研究［D］. 广州：华南理工大学，2010.

［4］纪艺娟，高凤强，郭一晶，等. 基于 LabVIEW 和 USRP 的通信原理虚实结合实验平台设计［J］. 实验技术与管理，2019，36（3）：155-158.

［5］段锐，刘光辉，符庆阳，等. 基于 USRP 的软件无线电系统实验研究［J］. 实验技术与管理，2021，38（4）：201-205.

［6］任熠. GNU Radio+USRP 平台的研究及多种调制方式的实现［D］. 北京：北京交通大学，2012.

［7］李树东. 基于博弈论的 TD-LTE 网络规划［D］. 大连：大连海事大学，2011.

［8］余毅. 基于 HomePlug1.0 的电力线载波通信传输系统的信道研究与部分硬件实现［D］. 杭州：浙江大学，2004.

［9］任大孟. 快速时变信道下无线 OFDM 系统信道估计技术的研究［D］. 哈尔滨：哈尔滨工程大学，2009.

［10］陈钰文. Wimax 系统的信道估计均衡算法以及 FPGA 实现［D］. 西安：西安电子科技大学，2012.

［11］刘薇. 面向 LTE 的 OFDM 系统中降低峰均功率比的研究［D］. 北京：

北京交通大学，2013.

［12］丁海玲. 基于 JPEG2000 的高速遥感图像实时压缩仿真系统研究
　　　［D］. 北京：中国科学院研究生院（空间科学与应用研究中心），2005.

［13］袁建亮，朱远平. 基于 JPEG2000 的感兴趣区域压缩编码算法［J］. 天
　　　津师范大学学报（自然科学版），2014，34（1）：42-46+61.

［14］刘方仁. 基于 EPON 的多点控制协议 FPGA 设计及前向纠错研究
　　　［D］. 南昌：华东交通大学，2012.

［15］薛雨萌，张可嘉. 基于模型的无人机信道编码算法设计与实现［J］. 测
　　　控技术，2023，42（7）：87-94.